高等职业院校基于工作过程项目式系列教程

网页界面设计项目式教程

陕西工商职业学院

天津滨海迅腾科技集团有限公司　编著

张耀民　主编

南开大学出版社

天　津

图书在版编目(CIP)数据

网页界面设计项目式教程／陕西工商职业学院，天津滨海迅腾科技集团有限公司编著；张耀民主编. —天津：南开大学出版社，2023.8
高等职业院校基于工作过程项目式系列教程
ISBN 978-7-310-06461-8

Ⅰ.①网… Ⅱ.①陕… ②天… ③张… Ⅲ.①网页－设计－高等职业教育－教材 Ⅳ.①TP393.092

中国国家版本馆 CIP 数据核字(2023)第 160502 号

主　编　张耀民
副主编　徐玉芳　李慕菡
　　　　樊　凡　刘　盟

网页界面设计项目式教程
WANGYE JIEMIAN SHEJI XIANGMUSHI JIAOCHENG

南开大学出版社出版发行
出版人：陈　敬
地址：天津市南开区卫津路 94 号　　邮政编码：300071
营销部电话：(022)23508339　营销部传真：(022)23508542
https://nkup.nankai.edu.cn

天津创先河普业印刷有限公司印刷　全国各地新华书店经销
2023 年 8 月第 1 版　　2023 年 8 月第 1 次印刷
260×185 毫米　16 开本　13.25 印张　322 千字
定价：62.00 元

如遇图书印装质量问题,请与本社营销部联系调换,电话：(022)23508339

前　言

在视觉产业快速发展的今天，越来越多的人开始使用图像处理软件进行网页设计、APP界面设计、图像处理、影像合成和数码照片后期处理等。Adobe Photoshop 是一款功能强大、应用广泛的专业级图像处理软件。如今，它拥有大量的用户，除了专业级设计人员外，摄影室和影楼工作人员都普遍使用该软件进行图像修饰。

本书基于新媒体框架之下，以网络媒体的发展、行业需求为出发点，讲授网站美工应当具备的技能与知识点，结合各种类型网站的界面设计项目实战，为学习者今后就业打下坚实的理论与实践基础。本书主要以技能点为单位进行理论知识的讲解，以项目实战进行实操练习，将理论与实践完美结合。

本书由 6 个项目组成，分别为"门户网站首页设计""企业网站首页设计""游戏网站首页设计""校园网站首页设计""数据可视化界面设计""APP 界面设计"。内容包括门户网站的概念、分类、设计原则，企业类网站的概念、分类、界面组成要素，游戏类网站的分类、网页色彩搭配原则，校园类网站的概念、功能、设计原则等，以及数据可视化的概念、分类、设计原则和 APP 界面设计原则、尺寸规范的介绍等。本书详尽地叙述了从事网站页面设计所需要具备的职业技能及理论知识。

本书的每个项目都设有学习目标、职业素养、任务描述、任务技能、任务实施、任务总结和任务拓展，学习者可以将所学的理论知识充分应用到实战当中。本书的 6 个项目基本涵盖互联网网站的各个类型，实用性较强。

本书由张耀民任主编，徐玉芳、李慕菡、樊凡、刘盟任副主编。具体分工如下：张耀民负责统稿和内容的全面规划，樊凡和刘盟负责内容编排及资料整理收集。项目一和项目二由张耀民编写，项目三和项目四由李慕菡编写，项目五和项目六由徐玉芳编写。

全书理论内容简明扼要、通俗易懂、即学即用；实例操作讲解细致，步骤清晰。在本书中，操作步骤后有相对应的效果图，便于读者直观、清晰地看到操作效果，牢记书中的操作步骤。通过对本书的学习，读者能熟练设计各种网站界面，成为职场中的佼佼者。

天津滨海迅腾科技集团有限公司

技术研发部

目　录

项目一　门户网站首页设计

随着科技的不断进步，互联网行业在这个时代得到了快速发展，门户网站以一种综合性的姿态出现在大众的面前，它的功能性、全面性解决了人们日常生活中的各种琐事，吃喝玩乐、收集信息、了解一座城市等。门户网站拓宽了人们的信息渠道，也给人们的生活带来了极大的便利。通过门户网站首页的设计，学习门户网站相关知识，在任务实现过程中：

- 了解网页设计的基本概念。
- 了解网站界面的组成元素。
- 掌握门户网站的相关概念。
- 了解门户网站的分类。
- 了解门户网站的设计原则。
- 通过实践掌握门户网站的设计表现方法。

党的二十大报告强调："全面建设社会主义现代化国家，必须坚持中国特色社会主义文化发展道路，增强文化自信，围绕举旗帜、聚民心、育新人、兴文化、展形象建设社会主义文化强国。"作为新时代的青年学子，我们应当努力学习专业技能和文化知识，积极发挥专业特色，全面提升自己感受美、鉴赏美、创造美的综合能力，展示以设计服务人民、服务社会的创作导向，在设计中体现人文关怀，诠释设计"以人为本"的宗旨。

【情景导入】

在互联网快速发展的今天，全世界的网络都进入了一个快速发展的轨道，各类网站层出不穷，门户网站作为一种综合的信息服务网站应运而生。我国的门户网站经过多年的发展，逐渐步入正轨，进入稳定发展时期。本次任务主要是实现游戏门户网站首页的设计。

👤 【效果展示】

　　门户网站首页界面布局一般采用骨骼型版式，这种网页版式是一种规范的、理性的分割方法，类似于报刊的版式。首页为导航型页面，结构清晰，常见的骨骼有竖向通栏、双栏、三栏、四栏和横向的通栏、双栏、三栏和四栏等，一般以竖向分栏为主。采用这种版式能够适应门户网站内容多、实时性强、更新速度快的特点，给人以和谐、理性的美。几种分栏方式结合使用，既理性清晰，又活泼生动，风格疏朗大气、简洁流畅。本项目要学习的网站首页基本框架如图 1-1 所示，通过对案例的学习，学习者能将框架图 1-1 转换成如图 1-2 所示的效果图。

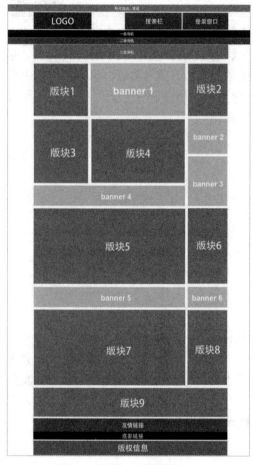

图 1-1　框架图

图 1-2　效果图

技能点 1　网页设计概述

1. 网页设计的基本概念

网页设计也被称为 Web Design、Web UI design、WUI design、WUI 等，其本质是根据产品功能、定位，通过合理地使用颜色、字体、图片、样式进行网站页面设计的美化，向用户传递信息（包括产品、服务、理念、文化），尽可能给予用户良好的视觉体验，如图 1-3 所示。

图 1-3　网页设计效果展示

主页也称首页，是用户访问一个网站时看到的第一个页面，相当于书的封面或目录，对整个网站的风格定位、框架结构起到指导作用。一般网站首页的第一屏是网站的重中之重，"一屏"指的是用户不拉动右侧滚动条或者鼠标就能在浏览器中看到的有效可视区域，"第一屏"就是指打开页面后在浏览器中默认看到的第一个有效可视区域，类似报刊的头版，如图 1-4 所示的官网首页，其完整效果需要拉动浏览器右侧滚动条才能完整展示，而第一屏（图 1-5）仅仅是浏览器显示的第一个部分。

图 1-4　网站首页　　　　　　　　　　　　　　　图 1-5　首页第一屏

2. 网站界面的组成元素

网站界面一般是由文字、图片、表格、动画、悬停按钮、音频、视频等元素组合而成，如图 1-6 所示。其中，文字和图像在网站中的使用最为广泛，文字倾向于网页的内容，图片关乎网页的美观。

图 1-6　网站界面的组成元素

（1）文字

文字是构成网站最基本的元素，也是组成网站过程中应用数量最多的元素。文字因为体积小、传输速度快，在浏览过程中访问速度最快，并且可以为访客带来大量的内容信息。在进行网页设计时，可以根据需要对文本字体、大小、颜色、底纹、边框等属性进行设置。

（2）图像

图像的视觉效果比文本的视觉效果强得多。丰富多彩的图像是美化网页必不可少的元素，灵活应用图像可以在网页中起到修饰作用，加强浏览体验，让访客的阅读过程不再枯燥。用于网页上的图像一般为 JPG 格式和 GIF 格式。网页中图像的应用形式一般有标题配图、背景图像、代表企业形象或栏目内容的标志性图片和广告宣传图等。

（3）超链接

超链接是 Web 网页的主要特色，是指从一个网页指向一个目标的链接关系，这个目标可以是另一个网页，也可以是相同网页上的不同位置，还可以是一个图片、一个电子邮件地址、一个文件，甚至是一个应用程序。而在一个网页中用来超链接的对象，可以是一段文本或者是一张图片。当浏览者点击已经链接的文字或图片后，链接目标将显示在浏览器上，并且根据目标的类型来打开或运行。

（4）导航栏

导航栏是一组超链接，是网站频道入口的集合区域，相当于网站的菜单。对于频道或者分类比较多的网站（如门户网站），在页面中通常还会存在多个导航栏。通常会把级别或者性质相同的频道放在同一个导航栏中。

（5）动画

动画是网页中最醒目的元素，创意出众、制作精美的动画是吸引浏览者眼球的有效方法之一。动画一般都会出现在网站的 banner 或者其他位置，加强网站整体美观效果。但值得注意的是，如果网页动画太多，也会物极必反，使人眼花缭乱，进而产生视觉疲劳。

技能点 2　门户网站的概念

1. 广义注解

门户，原指正门、入口的意思，门户网站就是一个 Web 应用框架，它将各种应用系统、数据资源和互联网资源集成到一个信息管理平台之上，并以统一的用户界面提供给用户，用户可以根据信息来源、信息类型、关键字检索以及其他方式，来筛选并获取在门户网站内发布的所有内容。

2. 狭义注解

所谓门户网站，是指提供某类综合性互联网信息资源并提供有关信息服务的应用系统，内容涉及目标用户日常生活的各个方面，如新闻、财经、体育、娱乐、科技、时尚、房产、医疗等不同领域的信息。

早期的门户网站主要提供导航服务、搜索服务，随着市场竞争日益激烈，门户网站不得不快速地拓展各种新的业务类型，希望通过门类众多的业务来吸引和留住互联网用户，以至于目前门户网站的业务包罗万象，成为网络世界的"百货商场"或"网络超市"。从目前的发展情况来看，门户网站主要提供新闻、搜索引擎、站点接入、聊天室、电子公告牌、免费邮箱、影音资讯、电子商务、网络社区、网络游戏、免费网页空间等。

技能点 3　门户网站的分类

1. 搜索引擎门户网站

搜索引擎门户网站主要是从互联网上提取各个网站的信息，为信息检索用户提供快速、高相关性的信息服务和其他网络服务。这类网站对服务器的要求非常高，既能够储存大量的信息，又能承担大批用户同时在线搜索的压力，还需要实时收集与更新信息。在国内较为有代表性的搜索引擎门户网站是人们常用的百度、有道等，如图 1-7 和图 1-8 所示。

图 1-7　百度网站

图 1-8　有道网站

2. 综合门户网站

　　大型的综合门户网站一般拥有较大流量，它们将互联网上收集到的众多来源的信息分成不同栏目，最高层级的栏目被称为频道，每一个频道其实都相当于一个专业门户网站，典型的综合门户网站有网易、凤凰网、新浪网等，如图 1-9 至图 1-11 所示。

图 1-9　网易网站

图 1-10　凤凰网网站

图 1-11　新浪网网站

3. 地方生活门户网站

这类网站作为本地城市资讯网络平台，主要为地方用户提供同城资讯、房屋租售、二手物品买卖、招聘求职、车辆买卖、宠物、票务、教育培训、同城活动及交友、团购等众多本地生活及商务服务类信息，协助本地用户实现对所在地的生活消费信息服务或商品的了解和交易，比如人们熟知的赶集网、58 同城等，如图 1-12 和图 1-13 所示。

图 1-12　赶集网网站

图 1-13　58 同城网站

4. 个人门户网站

在该网站可以查找到关于某个人所能提供的一切上网的信息，如个人文字作品、图片、声音、影片以及联系方式等，如图 1-14 所示。

图 1-14　个人门户网站

技能点 4　门户网站的设计原则

1. 网站 Logo

网站标题和 Logo 的设计要具有一定的视觉效果，并为用户提供网站的基本信息，如代表什么品牌、提供哪些服务等。由于人们的视觉习惯是从屏幕的左上角开始浏览网站，所以与居中或右侧放置相比，用户更容易记住那些 Logo 放在左边的品牌。

2. 网站导航

网站导航便于用户快速找到信息，指引用户达到目标页面。在设计导航时要注意能够让用户随时知道自己所处位置，更方便用户查找网页和返回上级，同时能吸引用户对网站进行更深层次的访问，符合用户行为习惯，以用户易用、易读、易食为原则。

3. 网页布局

网页布局是合理设计与组织网页视觉元素的过程，目的是实现信息传递的清晰化、层次化、人性化，并兼顾视觉美，使用户在获取信息时获得良好的浏览体验。门户网站的布局可多利用留白划分内容框架，注意图文混排的样式，文字大小、疏密排列应依据层级关系而产生变化。

4. 色彩搭配

门户网站多以红、黄、蓝、绿或门户主色调为主，突出稳重、简洁的风格。例如，腾讯、雅虎、网易等门户采用清爽简洁的浅色调来降低信息快速获取时的视觉干扰。同性质的同类网站主要是沿用自己门户主色系或标准色来做定位，便于用户对品牌的识别。

本次任务主要是实现游戏门户网站首页的设计。

第 1 步：打开 Photoshop 软件，单击【文件】→【新建】命令或按 Ctrl+N 快捷键，新建一个名为"游戏门户网站首页"的文档，"颜色模式"选择 RGB 颜色，"宽度"和"高度"分别为 1300 像素和 2150 像素，"分辨率"为 72 像素/英寸，"背景内容"为白色的文件，如图 1-15 所示。

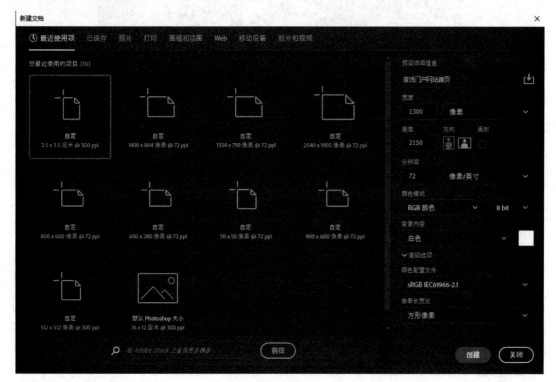

图 1-15　新建文档

第 2 步：新建一个文件夹组，命名为"顶部"。在组内用【矩形工具】█创建宽度 1300像素、高度 32 像素的矩形置于画面最上方，如图 1-16 所示。

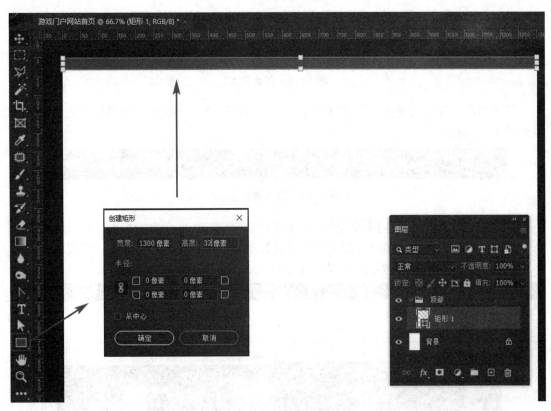

图 1-16 创建矩形

第 3 步：选择新建的矩形图层，双击打开【图层样式】面板，添加【渐变叠加】效果，"样式"单线性，"角度"90 度，渐变色标从左到右依次为"#131313""#393939"，如图 1-17 所示。

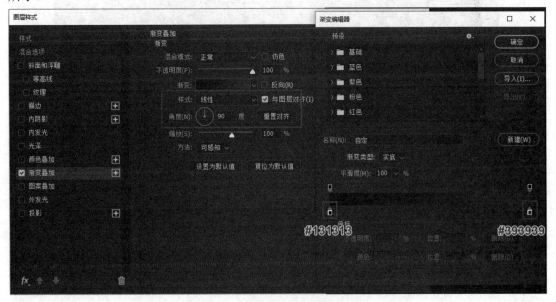

图 1-17 添加【渐变叠加】效果

第 4 步：继续在组内创建以下文本内容，将文本图层置于矩形图层上方，如图 1-18 所示。

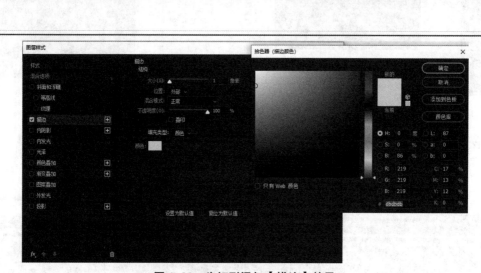

TGBUS推荐：玩连连看，赢《恶魔法则》PS3 PSP优质大奖
售后维修
玩家公会
玩家乱弹
信息订阅

图 1-18 创建文本

第 5 步：打开“矢量图形”素材文件夹，并将图标素材分别置于相对应的文字前，效果如图 1-19 所示。

售后维修
玩家公会
玩家乱弹
信息订阅

图 1-19 置入图标素材

第 6 步：用【矩形工具】创建宽度 1330 像素、高度 90 像素的矩形，在画面中置于第一个矩形的下方，双击图层打开【图层样式】面板，添加【描边】效果，设置描边“大小”为 1 像素、“位置”为外部、填充颜色为“#dbdbdb”，如图 1-20 所示。

TGBUS推荐：玩连连看，赢《恶魔法则》PS3 PSP优质大奖
售后维修
玩家公会
玩家乱弹
信息订阅
图层样式
样式
混合选项
斜面和浮雕
等高线
纹理
描边
内阴影
内发光
光泽
颜色叠加
渐变叠加
图案叠加
外发光
投影
描边
结构
大小(S):
像素
位置:
外部
混合模式:
正常
不透明度(O):
100
%
叠印
填充类型:
颜色
颜色:
设置为默认值
复位为默认值
拾色器（描边颜色）
确定
取消
添加到色板
颜色库
新的
当前
只有 Web 颜色
dbdbdb

图 1-20 为矩形添加【描边】效果

第 7 步：继续在【图层样式】面板中添加【渐变叠加】效果，“样式”线性，“角度”90 度，渐变色标从左到右依次为“#dfdfdf”“#ffffff”，如图 1-21 所示。

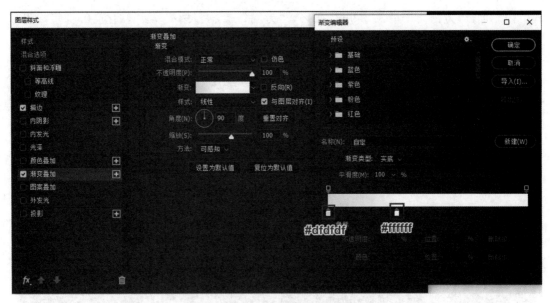

图 1-21 添加【渐变叠加】效果

第 8 步：执行快捷键 Ctrl+R，打开【标尺】，在画面左右两边各拉出一条距离画布左右边缘 170 像素的参考线，并将 "Logo" 素材置入合适的位置，如图 1-22 所示。

图 1-22 置入素材

第 9 步：用【矩形工具】■创建宽度 258 像素、高度 22 像素、圆角半径 3 像素的圆角矩形作为主搜索框，如图 1-23 所示。

图 1-23 创建主搜索框

第 10 步：双击圆角矩形图层，打开【图层样式】面板，添加【斜面和浮雕】效果，"样式"内斜面，"方法"平滑，"深度"42%，"方向"上，"大小"及"软化"0 像素，阴影"角度"120，"高度"30，"高光模式"滤色，填充不透明度为 46%的白色，"阴影模式"正片叠底，填充不透明度为 38%的黑色；接着添加【描边】效果，设置描边"大小"为 4 像素，"位置"外部，填充颜色"#e6e6e6"；继续添加【内阴影】效果，"混合模式"正片叠底，"不透明度"为 75%，"角度"120 度，"距离"1 像素，"大小"1 像素；最后添加【颜色叠加】效果，填充颜色为"#ffffff"，如图 1-24 所示。

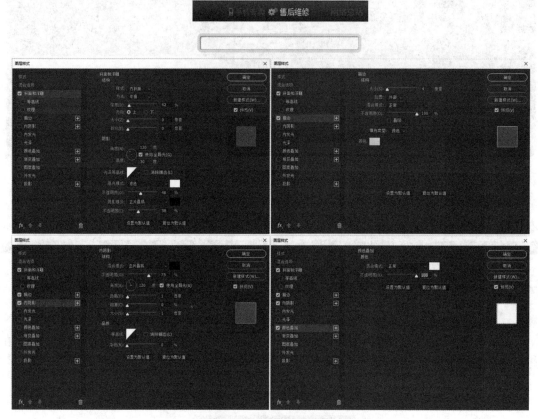

图 1-24　设置图层样式

第 11 步：在搜索框中置入"搜索图标"素材，然后添加文字对象，为其设置填充颜色为"#b4b3b3"，如图 1-25 所示。

图 1-25　置入素材并添加文字

第 12 步：使用【矩形工具】■制作宽度和高度都为 14 像素、圆角为 2 像素的圆角矩形，双击图层打开【图层样式】面板，添加【渐变叠加】效果，"样式"线性，"角度"90 度，渐变色标从左到右依次为"#b5000e""#e800000"，效果如图 1-26 所示。

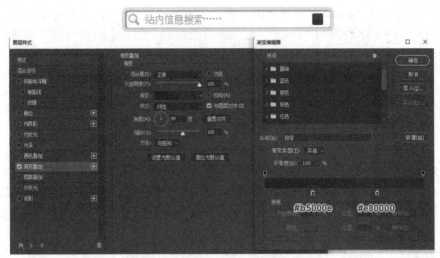

图 1-26　制作矩形图标

第 13 步：使用【三角形工具】◣制作一个填充颜色为"#ffffff"的三角形，放置在红色渐变图标的中心，效果如图 1-27 所示。

图 1-27　制作三角形放置在图标中心

第 14 步：用【直线工具】╱在主搜索栏旁边创建宽度 2 像素、高度 120 像素、填充色为"#d2d2d2"的分割线；接着在分割线右侧用【矩形工具】▢创建宽度 72 像素、高度 20 像素、填充色为白色的矩形作为登录框，为新建的矩形设置【图层样式】，添加【斜面和浮雕】效果，"样式"内斜面，"方法"平滑，"深度"42%，"方向"上，"大小"及"软化"0 像素，阴影"角度"120 度，"高度"30 度，"高光模式"滤色，填充不透明度为 46%的白色，"阴影模式"正片叠底，填充不透明度为 38%的黑色；执行【内阴影】命令，"混合模式"正片叠底，"不透明度"75%，"角度"120 度，"距离"1 像素，"大小"1 像素，如图 1-28 所示。

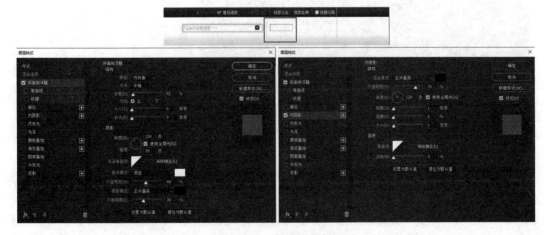

图 1-28　创建登录框

第 15 步：在矩形登录框上创建文本对象，内容为"用户名"，然后拷贝矩形文本框放置在其右侧，修改文本内容为"密码"；置入"登录按钮"图片素材到合适的位置；接着在搜索框及登录框下方创建文字对象，效果如图 1-29 所示。

图 1-29　添加文本并置入素材

第 16 步：用【矩形工具】创建宽度 1330 像素、高度 36 像素的矩形，命名图层为"导航 1"，将其置于画面中第二个矩形的下方。双击"导航 1"图层打开【图层样式】面板，添加【内阴影】效果，"混合模式"正片叠底，"不透明度"为 13%，"角度"-90 度，去选"使用全局光"选项，"距离"3 像素；接着添加【投影】效果，"混合模式"正片叠底，"不透明度"为 42%，"角度"120 度，去选"使用全局光"选项，"距离"4 像素；最后添加【渐变叠加】效果，"样式"线性，"角度"90 度，渐变色标从左到右依次为"#01284d""#035eb1"，效果如图 1-30 所示。

图 1-30　创建导航图形

第 17 步：用【矩形工具】创建宽度 1330 像素、高度 8 像素、填充白色的矩形，命名图层为"高光 1"，将其置于"导航 1"图形上半部的位置；将"高光 1"图层的"填充"设置为"20%"，双击"高光 1"图层打开【图层样式】面板，添加【内阴影】效果，"混合模式"正常，"不透明度"为 43%，"角度"90 度，去选"使用全局光"选项，"距离"1

像素；接着添加【投影】效果，"混合模式"正片叠底，"不透明度"为 32％，"角度"－90 度，去选"使用全局光"选项，"距离"1 像素，如图 1-31 所示。

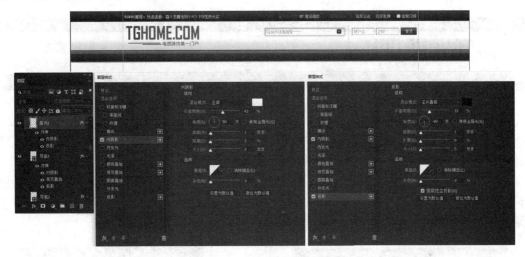

图 1-31 为导航添加高光效果

第 18 步：用【矩形工具】创建宽度 45 像素、高度 18 像素、圆角半径 3 像素的圆角矩形，命名为"导航按钮"，双击该图层打开【图层样式】面板，添加【渐变叠加】效果，"样式"线性，"角度"90 度，渐变色标从左到右依次为"#002951""#043b6e"；接着添加【描边】效果，设置描边"大小"为 1 像素，"位置"外部，填充颜色为"#1b64ad"；最后添加【内阴影】效果，"混合模式"正片叠底，"不透明度"为 75％，"角度"120 度，"距离"3 像素，"大小"10 像素，效果如图 1-32 所示。

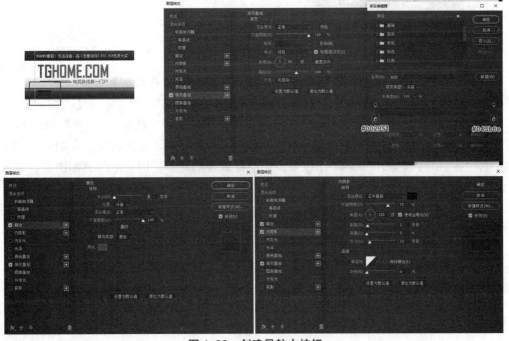

图 1-32 创建导航内按钮

第 19 步：创建"导航 1"中的文本对象，设置颜色为"#ffffff"，放置在画面中合适的位置，如图 1-33 所示。

图 1-33　创建"导航 1"文本

第 20 步：为导航的文本对象添加标签，选择【矩形工具】▢，设置角半径值之前先取消角半径值链接按钮，并按照图 1-34 所示参数创建矩形，将其命名为"导航标签 1"。

第 21 步：使用【添加锚点工具】✐在矩形左侧路径中点位置单击添加锚点，然后使用【转换点工具】◣单击该锚点使其转化为无方向句柄的锚点，并使用【直接选择工具】▸选中锚点向左侧水平移动，效果如图 1-35 所示。

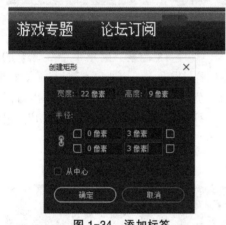

图 1-34　添加标签

图 1-35　调整标签外观

第 22 步：为"导航标签 1"创建【图层样式】，添加【渐变叠加】效果，"样式"线性，"角度"90 度，渐变色标从左到右依次为"#ff4800""#ffae00"；然后添加【内阴影】效果，"混合模式"正常，"不透明度"为 35%，去选"使用全局光"选项，"角度"-45 度，"距离"1 像素；最后添加【投影】效果，"混合模式"正片叠底，"不透明度"为 41%，"角度"120 度，"距离"1 像素，"大小"1 像素。图层样式添加完毕，创建新的文本图层，输入文字内容，设置文字颜色为"#ffffff"，并置文本于图标的中心位置，效果如图 1-36 所示。

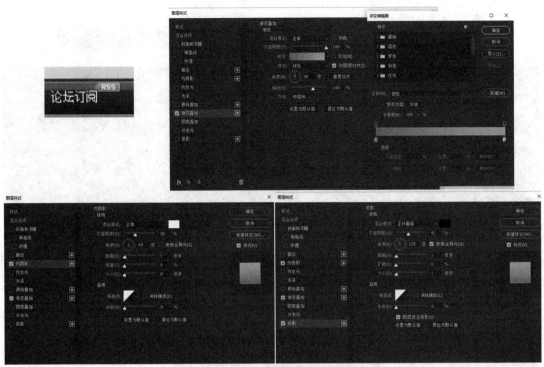

图 1-36 为标签创建图层样式

第 23 步：复制"导航标签 1"图层，将复制的图层名称改为"导航标签 2"，双击打开【图层样式】面板，修改【渐变叠加】效果中的渐变颜色，渐变色标从左到右依次为"#279811""#81d62d"。添加图层样式后，创建新的文本图层，输入文字内容，设置文字颜色为"#ffffff"，并置文本于合适位置，效果如图 1-37 所示。

图 1-37 复制并调整标签

第 24 步：用【矩形工具】创建宽度 1330 像素、高度 32 像素的矩形，命名图层为"导航 2"，双击"导航 2"图层打开【图层样式】面板，添加【描边】效果，设置描边"大小"为 2 像素，"位置"外部，填充颜色为"#002646"；继续添加【内发光】效果，"混合模式"正常，填充颜色"#00050d"，"不透明度"为 100%，"阻塞"100%，"大小"1 像素，"距离"3 像素；最后添加【渐变叠加】效果，"样式"线性，"角度"90 度，渐变色标从左到右依次为"#001229""#002444"，效果如图 1-38 所示。

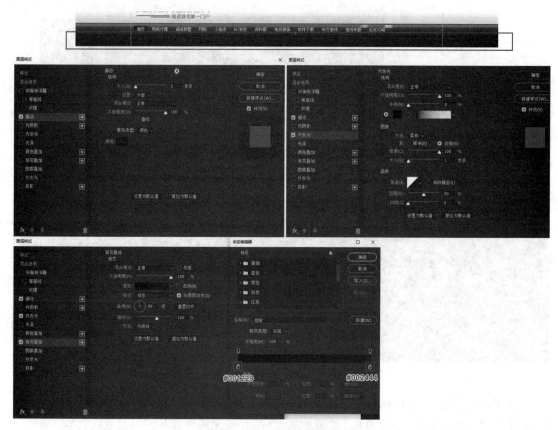

图 1-38　创建次级导航

第 25 步：创建"导航 2"文本对象，并放置在合适的位置；用与创建"登录框"相同的方法创建 2 级搜索框，创建文本对象并制作下拉三角标，效果如图 1-39 所示。

图 1-39　创建"导航 2"文本并制作登录框

第 26 步：用【矩形工具】创建宽度 960 像素、高度 70 像素的矩形，并在画布居中对齐，命名图层为"矩形 3"。双击该图层打开【图层样式】面板，添加【描边】效果，设置描边"大小"为 1 像素，"位置"外部，描边颜色为"#dbdbdb"；继续添加【投影】效果，"混合模式"正片叠底，"不透明度"75%，去选"使用全局光"选项，"角度"-90 度，"距离"1 像素，"扩展"10%，"大小"10 像素；最后添加【渐变叠加】效果，"角度"90度，渐变色标从左到右依次为"#e8e8e8""#ffffff"，效果如图 1-40 所示。

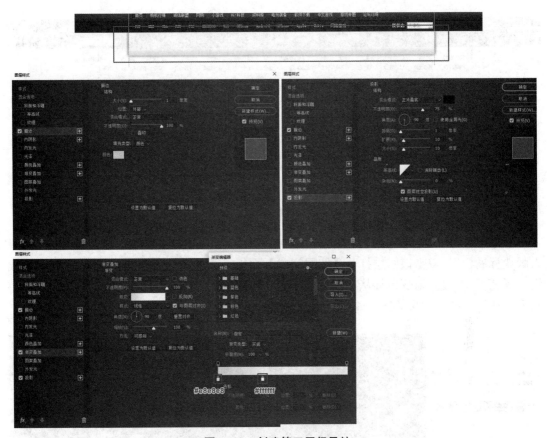

图 1-40　创建第三层级导航

第 27 步：创建文本对象作为第三层级链接内容，设置颜色为"#000000"，效果如图 1-41 所示。

图 1-41　创建第三层级导航文本

第 28 步：创建新的文件夹组，将其命名为"游戏人"，在组内用【矩形工具】■创建宽度 265 像素、高度 250 像素、填充白色的矩形，命名为"游戏人版块"，双击该图层打开【图层样式】面板，添加【描边】效果，设置描边"大小"为 1 像素，"位置"外部，描边颜色为"#dcdcdc"；并将其与左参考线对齐，效果如图 1-42 所示。

图 1-42　创建"游戏人版块"

第 29 步：用【矩形工具】▣创建宽度 265 像素、高度 28 像素的矩形，命名为"游戏人版块标题栏"，双击该图层打开【图层样式】面板，添加【渐变叠加】效果，"样式"线性，"角度"90 度，渐变色标从左到右依次为"#0f63b8""#00264a"，将该矩形放置在"游戏人版块"顶部，效果如图 1-43 所示。

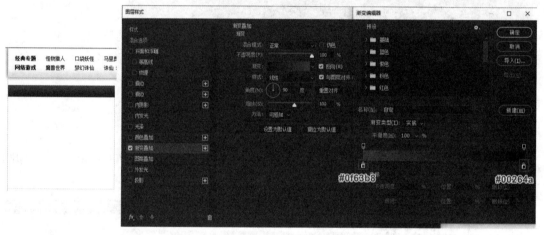

图 1-43　创建"游戏人版块标题栏"

第 30 步：用【矩形工具】▣创建宽度 265 像素、高度 4 像素的矩形，命名为"高光 1"，在"属性栏"中设置该矩形填充为"渐变"，"样式"线性，"角度"0 度，渐变色标左、右都为"#2668a1"，不透明度色标左为"0%"、右为"100%"，将该矩形放置在"游戏人版块标题栏"底部，效果如图 1-44 所示。

第 31 步：用【矩形工具】▣创建宽度 265 像素、高度 14 像素的矩形，命名为"高光 2"，在"属性栏"中设置该矩形填充为"渐变"，"样式"线性，"角度"0 度，渐变色标左、右都为"#2d78c3"，不透明度色标左为"100%"、右为"0%"；选择该矩形图层，设置"不透明度"为 80%，将其放置在"游戏人版块标题栏"顶部，效果如图 1-45 所示。

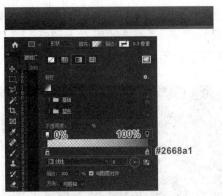

图 1-44　创建渐变高光 1

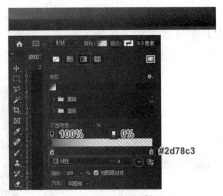

图 1-45　创建渐变高光 2

第 32 步：用【钢笔工具】 ✐ 创建一条折线，命名为"线 1"，在"属性栏"中设置该形状填充为"无"，描边颜色"#ffffff"，"描边宽度"1 像素，选择该矩形图层，设置"不透明度"为 18%，效果如图 1-46 所示。

图 1-46　创建形状"线 1"

第 33 步：用【钢笔工具】 ✐ 沿着"线 1"的外边缘创建一条折线，命名为"线 2"，在"属性栏"中设置该形状填充为"无"，描边颜色"#012950"，"描边宽度"1 像素，选择该矩形图层，设置"不透明度"为 70%，效果如图 1-47 所示。

图 1-47　创建形状"线 2"

第 34 步：用【钢笔工具】 ✐ 创建一个直角三角形，双击该图层打开【图层样式】面板，添加【渐变叠加】效果，"样式"线性，"角度"90 度，渐变色标从左到右依次为"#225893""#012950"，效果如图 1-48 所示。

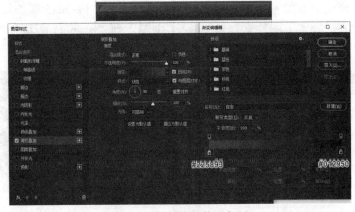

图 1-48　创建形状三角形

第 35 步：创建文本对象作为版块标题，设置颜色为"#ffffff"，双击该图层打开【图层样式】面板，添加【投影】效果，"混合模式"正片叠底，"不透明度"为 75%，"角度" 120 度，"距离" 2 像素，"扩展" 0%，"大小" 3 像素，效果如图 1-49 所示。

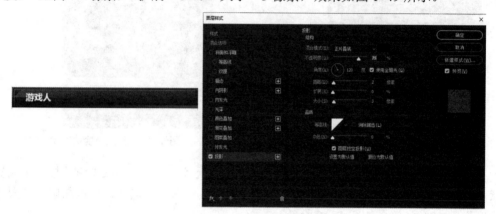

图 1-49　创建版块标题

第 36 步：依次创建版块内文本对象，置入图片素材"游戏人"，并使用【直线工具】 制作分割线，完成效果如图 1-50 所示。

图 1-50　完成"游戏人版块"

第 37 步：创建新的文件夹组，将其命名为"banner1"，在组内用【矩形工具】 创建宽度 470 像素、高度 250 像素、填充白色的矩形，命名为"banner1 版块"，将其与"游戏人版块"顶端对齐，并置入图片素材"banner1 主图"到"banner1 版块"图层上方，点击鼠标右键执行"创建剪贴蒙版"命令，效果如图 1-51 所示。

图 1-51　创建"banner1 版块"

第 38 步：在"banner1 主图"图层底部用【矩形工具】■新建宽度 470 像素、高度 45 像素、填充黑色的矩形，将图层不透明度设置为 70%，命名该图层为"半透明遮罩"，鼠标右键点击创建剪贴蒙版，效果如图 1-52 所示。

图 1-52　设置半透明遮罩

第 39 步：在"半透明遮罩"图层上方置入"banner1 组图"图片素材，并为它们添加【图层样式】中的【描边】效果，设置描边"大小"为 3 像素，"位置"外部，描边颜色为"#6f6f6f"；为模拟鼠标划过动态，选择左起第一个图像素材，修改描边颜色为"#0c4988"，并且利用【三角形工具】△创建三角图标，填充颜色"#0c4988"，将其放置在该图片素材的正上方，效果如图 1-53 所示。

图 1-53　置入图片素材

第 40 步：选择【文字工具】■为 banner1 制作主标题文字（字体尽量选择粗体，以便后续进行图层样式的设置），效果如图 1-54 所示。

图 1-54　制作标题文字

第 41 步：为文字制作金属质感效果，双击文字图层打开【图层样式】面板，添加【描边】效果，设置描边"大小"1 像素，"位置"外部，描边颜色为"#040404"；然后添加【外发光】效果，"混合模式"正片叠底，"不透明度"35%，填充颜色为"#040404"，"扩展"15%，"大小"7 像素；继续添加【投影】效果，"混合模式"正片叠底，"不透明度"为 75%，去选"使用全局光"选项，"角度"-90 度，"距离"2 像素，"扩展"5%，"大小"5 像素；最后添加【渐变叠加】效果，"样式"线性，"角度"90 度，渐变色标从左到右依次为"#9d918c""#ffffff"，效果如图 1-55 所示。

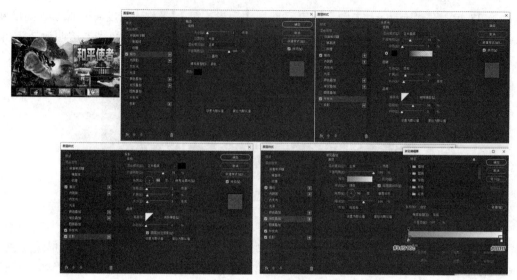

图 1-55　设置文字特效

第 42 步：使用相同方法制作副标题，文字的渐变颜色和样式都可做略微调整，只要与主标题风格一致即可，参考效果如图 1-56 所示。

图 1-56　制作副标题

第 43 步：创建新的文件夹组，将其命名为"联盟推广"，在组内用【矩形工具】■创建宽度 200 像素、高度 250 像素、填充白色的矩形，命名为"联盟推广版块"，双击该图层打开【图层样式】面板，添加【描边】效果，设置描边"大小"1 像素，"位置"外部，描边颜色为"#dcdcdc"，并将其与"banner1 版块"顶部对齐，右侧边缘与右参考线对齐，效果如图 1-57 所示。

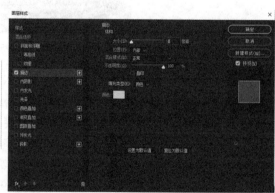

图 1-57　创建"联盟推广版块"

第 44 步：用【矩形工具】■ 创建宽度 200 像素、高度 35 像素、填充白色的矩形，命名为"联盟推广主标题栏"，与"联盟推广版块"顶对齐，双击该矩形图层，打开【图层样式】面板，为其添加【描边】效果，设置描边"大小"为 1 像素，"位置"内部，描边颜色为"#dcdcdc"；继续添加【投影】效果，"混合模式"正片叠底，"不透明度"为 14%，去选"使用全局光"选项，"角度"90 度，"距离"4 像素，"大小"13 像素，最后添加【渐变叠加】效果，"角度"90 度，"样式"线性，渐变色标从左到右依次为"#e5e4e4""#ffffff"，效果如图 1-58 所示。

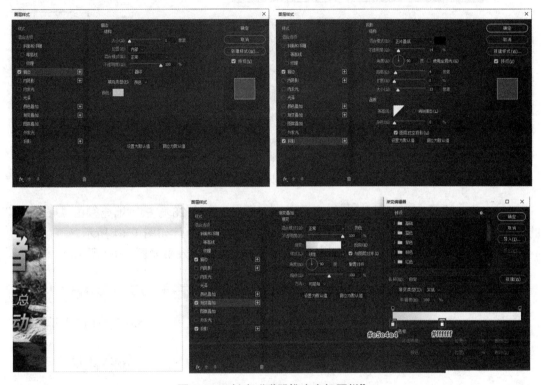

图 1-58　创建"联盟推广主标题栏"

第 45 步：置入图片素材"图钉"，放置在标题栏的左上角；创建文本对象作为版块标题，设置颜色为"#05396c"，效果如图 1-59 所示。

图 1-59　置入素材并创建标题文本

第 46 步：用【矩形工具】■ 创建宽度 68 像素、高度 20 像素、填充白色的矩形，命名为"副标题栏 1"，为其添加【图层样式】中的【描边】效果，设置描边"大小"为 1 像素，位置"外部"，描边颜色为"#dcdcdc"；继续添加【渐变叠加】效果，"角度"90 度，"样式"线性，渐变色标从左到右依次为"#e5e4e4""#ffffff"，图层样式添加完毕，复制该图层，并命名为"副标题栏 2"，将两个图形放置在合适的位置，效果如图 1-60 所示。

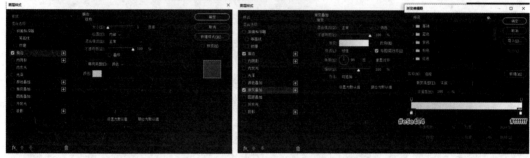

图 1-60　制作副标题栏

第 47 步：用【矩形工具】■创建宽度 200 像素、高度 28 像素、填充颜色"#ededed"的矩形，并复制两个副本，将这三个矩形在版块中垂直分布，如图 1-61 所示。

第 48 步：用【文字工具】Ｔ创建版块中的文本对象，效果如图 1-62 所示。

图 1-61　添加矩形条

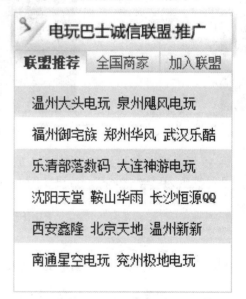

图 1-62　创建文本

第 49 步：创建新的文件夹组，将其命名为"游戏推荐"，在组内用【矩形工具】■创建宽度 265 像素、高度 24 像素的矩形，命名为"游戏推荐主标题栏"，双击该矩形图层，打开【图层样式】面板，为其添加【外发光】效果，设置"混合模式"正常，填充颜色"#3e3e3e"，"不透明度"60%，"扩展"0%，"大小"4 像素，效果如图 1-63 所示。

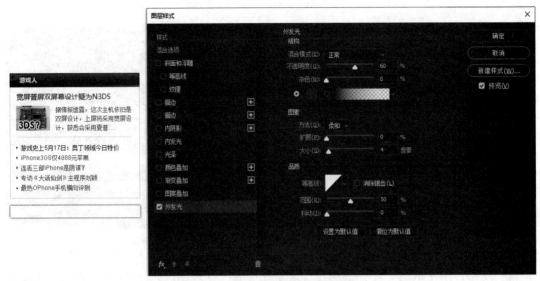

图 1-63 创建"游戏推荐主标题栏"

第 50 步：选择"游戏推荐主标题栏"图层，点击鼠标右键执行"栅格化图层样式"命令，然后为图层添加【图层蒙版】 ，选择蒙版，使用黑色画笔涂抹矩形底部，效果如图1-64 所示。

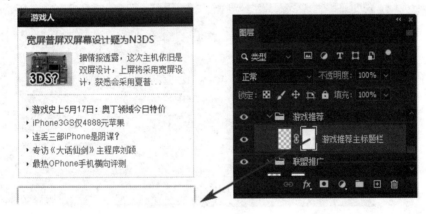

图 1-64 添加图层蒙版

第 51 步：用【矩形工具】 创建宽度 88 像素、高度 20 像素的矩形，命名为"副标题栏 1"，将其放置在"游戏推荐主标题栏"的下方并与其左边缘对齐，双击该矩形图层，打开【图层样式】面板，为其添加【渐变叠加】效果，"样式"线性，"角度"90 度，渐变色标从左到右依次为"#e5e5e5""#ffffff"，效果如图 1-65 所示。

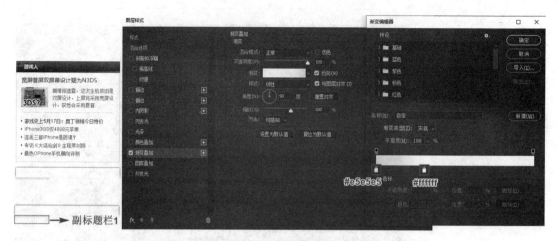

图 1-65　创建"副标题栏 1"

第 52 步：用【矩形工具】■创建宽度 177 像素、高度 20 像素的矩形，命名为"副标题栏 2"，将其放置在"游戏推荐主标题栏"的下方并与其右边缘对齐，双击该矩形图层，打开【图层样式】面板，为其添加【渐变叠加】效果，"样式"线性，"角度"90 度，渐变色标从左到右依次为"#ffffff""#e5e5e5"，效果如图 1-66 所示。

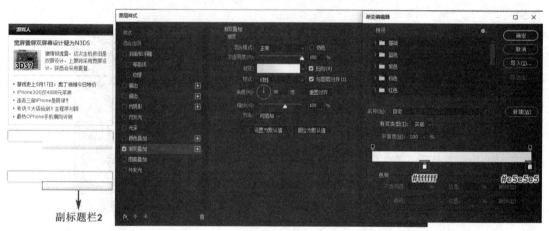

图 1-66　创建"副标题栏 2"

第 53 步：用【直线工具】■创建 4 条宽度 20 像素、高度 1 像素、填充色为"#b4b4b4"的分割线，效果如图 1-67 所示。

图 1-67　创建垂直分割线

第 54 步：用【直线工具】■沿着"副标题栏 1"和"副标题栏 2"的上缘创建一条宽

度 265 像素、高度 1 像素、填充色为"#b4b4b4"的水平直线，效果如图 1-68 所示。

图 1-68　创建水平线

第 55 步：用【直线工具】 沿着"副标题栏 2"的下缘创建一条宽度 177 像素、高度 1 像素、填充色为"#b4b4b4"的水平直线，效果如图 1-69 所示。

图 1-69　再次创建水平线

第 56 步：用【文字工具】 创建版块中的文本对象，效果如图 1-70 所示。

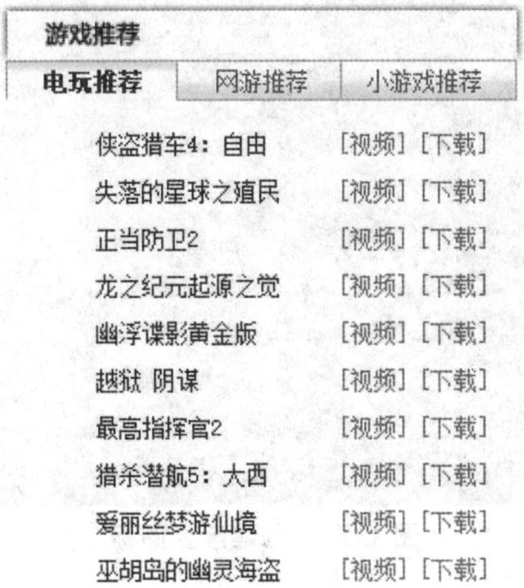

图 1-70　创建文本对象

第 57 步：用【矩形工具】 创建宽度 22 像素、高度 10 像素的矩形作为文本前的图标，双击该矩形图层，打开【图层样式】面板，为其添加【投影】效果，"混合模式"正片叠底，"不透明度"29%，"角度"120 度，去选"使用全局光"选项，"距离"1 像素，"大小"1 像素；接着添加【渐变叠加】效果，"样式"线性，"角度"90 度，渐变色标从左到右依次为"#8f0000""#cd0000"；设置好图层样式后将矩形拷贝两个副本对象放置在相对应的文本对象前，效果如图 1-71 所示。

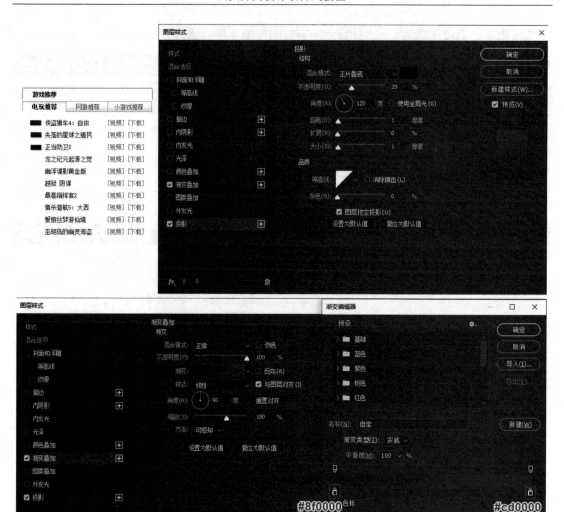

图 1-71　创建渐变图标

第 58 步：用【矩形工具】█再次创建宽度 22 像素、高度 10 像素的矩形作为文本前的图标，双击该矩形图层，打开【图层样式】面板，为其添加【投影】效果，"混合模式"正片叠底，"不透明度" 29%，"角度" 120 度，去选"使用全局光"选项，"距离" 1 像素，"大小" 1 像素；接着添加【渐变叠加】效果，"样式"线性，"角度" 90 度，渐变色标从左到右依次为 "#434343" "#6d6d6d"；设置好图层样式后将矩形拷贝 6 个副本对象放置在相对应的文本对象前，效果如图 1-72 所示。

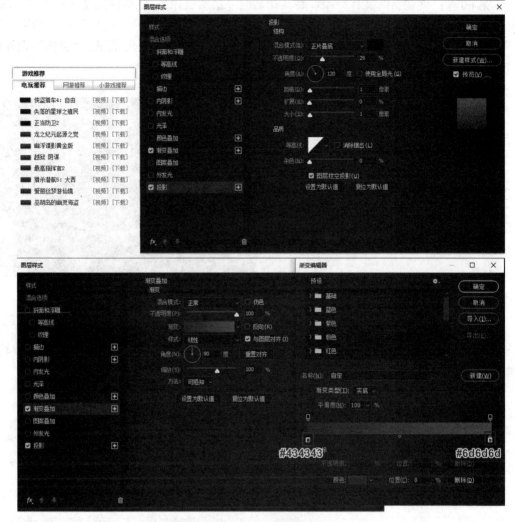

图 1-72 再次创建渐变图标

第 59 步：用【文字工具】**T**创建文本对象放置在渐变图标上，效果如图 1-73 所示。

游戏推荐		
电玩推荐	网游推荐	小游戏推荐

PSP	侠盗猎车4：自由	[视频] [下载]
PC	失落的星球之殖民	[视频] [下载]
PSP	正当防卫2	[视频] [下载]
XBOX	龙之纪元起源之觉	[视频] [下载]
NDS	幽浮谍影黄金版	[视频] [下载]
WII	越狱 阴谋	[视频] [下载]
PSP	最高指挥官2	[视频] [下载]
PSP	猎杀潜航5：大西	[视频] [下载]
PSP	爱丽丝梦游仙境	[视频] [下载]
PSP	巫胡岛的幽灵海盗	[视频] [下载]

图 1-73 创建文字放置在图标上

第 60 步：创建新的文件夹组，将其命名为"最新资讯"，在组内用【矩形工具】▦创建宽度 470 像素、高度 308 像素的矩形，命名为"最新资讯版块"，双击该矩形图层，打开【图层样式】面板，为其添加【描边】效果，设置描边"大小"为 1 像素，"位置"为外部，填充颜色为"#dcdcdc"，效果如图 1-74 所示。

图 1-74　创建"最新资讯版块"

第 61 步：用【矩形工具】▦创建宽度 108 像素、高度 68 像素的矩形，设置填充颜色"#ffffff"，描边颜色"#dcdcdc"，"描边大小"1 像素；置入图片素材"PSP2"，点击鼠标右键执行"创建剪贴蒙版"命令，效果如图 1-75 所示。

第 62 步：用【文字工具】T创建版块内的文本对象，效果如图 1-76 所示。

图 1-75　创建矩形并置入图片

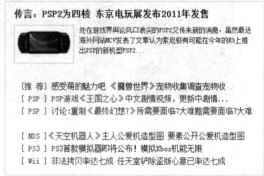

图 1-76　创建文本对象

第 63 步：用【直线工具】╱创建两条宽度 434 像素、高度 1 像素、填充颜色为"#dcdcdc"的分割线，效果如图 1-77 所示。

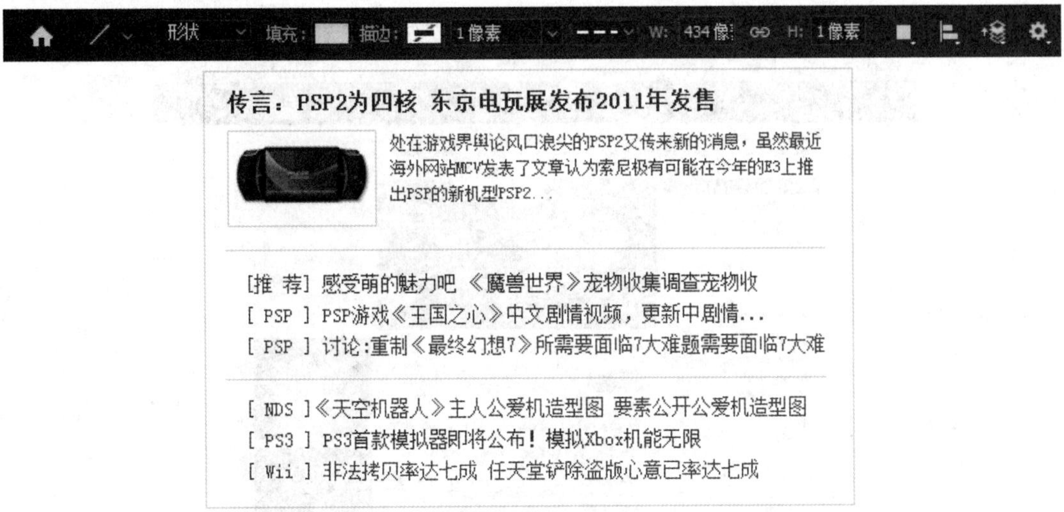

图 1-77　创建分割线

第 64 步：使用【三角形工具】▲创建一个填充颜色为 "#0a4f94" 的三角形作为图标放置在文字对象前，并拷贝 5 个副本对象执行相同操作，效果如图 1-78 所示。

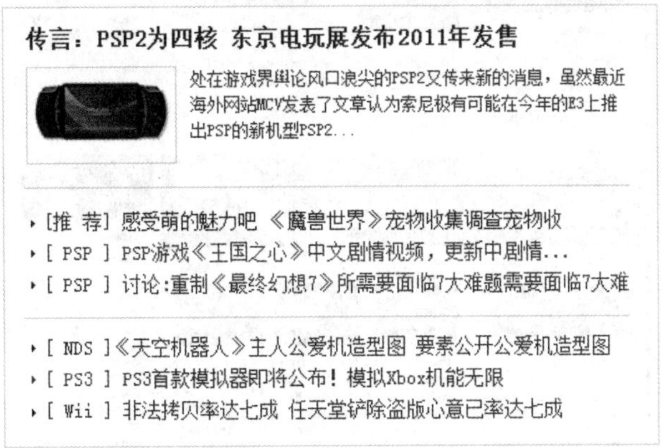

图 1-78　创建三角形图标

第 65 步：利用上述所介绍过的操作方法，将网页剩余部分制作完成，最终效果如图 1-79 所示（注意在制作不同版块时都要新建文件夹组，以便日后对界面进行调整或修改）。

图 1-79　完成效果

　　通过本次任务对门户网站首页界面设计的学习，学习者对网页设计的基本概念、网页的组成元素以及门户网站的概念和分类等知识有了初步了解，并且通过实践操作对门户网

站页面的设计表现方法有进一步认知。

按照门户类网站的界面布局设计一款音乐门户网站首页，要求布局合理，层级清晰，色彩搭配协调美观，风格简洁大气。

项目二　企业网站首页设计

随着互联网的广泛应用，其对人们的工作及生活的影响日益增加，网站作为互联网技术的关键所在，承载了计算机与人们交互的主要表现形式。企业网站也随着互联网的推广如雨后春笋般涌现，拥有一个视觉设计美观、性能体验愉悦的网站，会给企业带来良好的宣传效果，设计出色的网站往往可以提升企业形象，为企业带来更多商机，所以企业网站的设计与企业的发展息息相关。在企业类网站首页的设计过程中，不仅要体现出企业鲜明的形象，而且还要注重对企业产品和企业文化的宣传，以方便浏览者了解企业性质。本项目通过对企业网站首页的设计制作，学习企业网页界面设计的相关知识，在任务实现过程中：

- 了解企业类网站的概念。
- 理解企业类网站的分类。
- 理解企业类网站界面的构成要素。
- 通过实践掌握企业类网站页面设计的表现方法。

党的二十大报告深刻阐述了中国式现代化的中国特色、本质要求和必须牢牢把握的重大原则等重大理论和实践问题，为新时代新征程全面建设社会主义现代化国家指明了前进方向、提供了根本遵循。实践充分证明，再好的经验也要根据自身实际，选择合适的方法和道路。我们在具体的设计工作中，一定做好既要学习理论，又要有实际操作能力，而理论联系实际的能力，是非常重要的，要做到工作扎实务实，勤奋创新，将理论和实践完美结合。

【情景导入】

随着经济与科技的飞速发展，互联网已渗透到社会的各行各业。新的网站层出不穷，旧的网站不断更新，激烈的市场竞争对企业网站提出了更高的要求，网站的建设不仅需要技术的应用，更需要一个合理美观的界面设计。设计师在考虑浏览者能够快速、有效地获取网站信息的同时，又可以给浏览者留下深刻的印象，获得良好的体验感受。本次任务主要是实现企业网站的首页设计。

【效果展示】

本项目基本框架如图 2-1 所示，通过对案例的学习，能将框架图 2-1 转换成如图 2-2 所示的效果图。

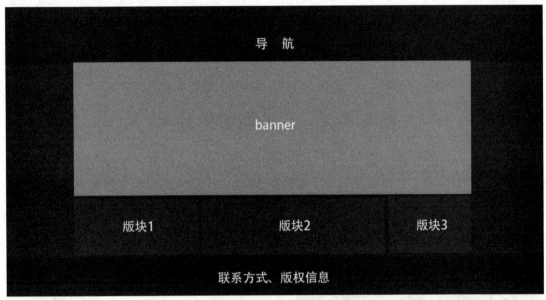

图 2-1　框架图

图 2-2　效果图

技能点 1　企业网站的概念

　　企业网站不同于门户网站、政府网站、个人网站等，企业类网站主要是运用网络信息传播的特点，以网络营销为目的，在互联网上进行网站建设和企业宣传，让外界对企业有所了解，帮助企业树立一个良好的形象，并为用户提供一定的服务，是企业在互联网上进行网络建设和形象宣传的平台。

技能点 2　企业网站的分类

　　目前，根据企业的行业特性、企业建站的目的，以及不同的目标受众群体，企业网站大致可以分为：基本信息类、电子商务类和多媒体广告类。

1. 基本信息类

　　该类型的企业网站主要面向客户、业界人士或普通浏览者，以介绍企业的基本资料、帮助树立企业形象为主，也可适当提供业内的新闻信息或知识，如图 2-3 和图 2-4 所示。

图 2-3　某啤酒品牌网站　　　　　　　　　　图 2-4　某餐厅网站

2. 电子商务类

　　该类型的企业网站主要面向供应商、客户或者企业产品（服务）的消费群体，提供某种只属于企业业务范围的服务或交易。这样的网站可以说是正处于电子商务化的一个中间阶段，由于行业特色和企业投入的深度、广度的不同，其电子商务化程度可能处于从比较初级的服务支持、产品列表到比较高级的网上交易过程中的某一阶段。通常这种类型的网站我们可以形象地称其为"网上××企业"，如网上银行、网上营业厅等，如图 2-5 和图 2-6 所示。

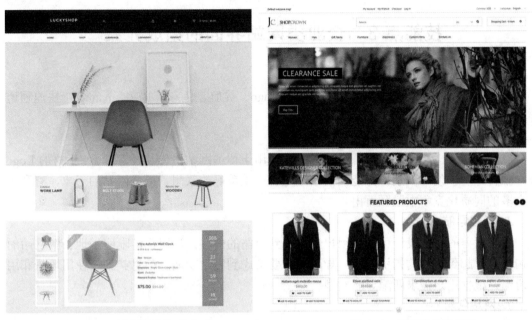

图 2-5　某家居购物网站　　　　　　图 2-6　某服装购物网站

3. 多媒体广告类

该类型的网站主要面向需求商或企业产品（服务）的消费群体，以宣传企业品牌形象或展示自己主要产品的详细情况为主。这种类型的企业网站从主要目的来说，在注重品牌和形象的同时也重视产品的介绍。从表现手法来讲，与普通网站相比更像一个平面广告或者电视广告，所以我们称其为多媒体广告类企业网站，如图 2-7 所示。

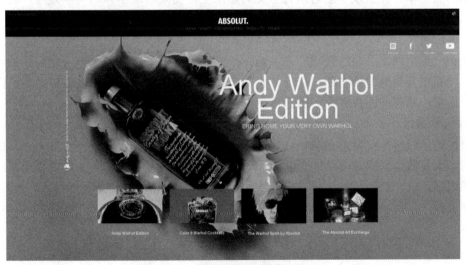

图 2-7　多媒体广告类企业网站

在实际应用中，很多网站往往不能简单地归为某一类型，无论是建站目的还是表现形式都可能涵盖了两种或两种以上类型。对于这种企业网站，可以按上述网站类型的区别划分为不同的部分，每一部分都基本上可以认为是一个较为完整的网站类型。

技能点 3　企业类网站界面的组成元素

企业类网站界面的组成元素主要包括：Logo、导航、色彩、文字、banner、快速通道等。

1. 网站 Logo

Logo 是企业网站形象和内涵的重要体现，用于传递网站定位及经营理念，优秀的 Logo 设计独特鲜明，便于识别，并能使网站浏览者产生美好的联想，提升网站的形象，有利于在众多的同质化竞争中脱颖而出。

2. 网站导航

一个优秀的导航设计可以让用户快速找到所需的内容，让用户清晰明了地了解网站的结构框架，起到重要的指引作用。导航设计要考虑到网站功能、信息架构、使用场景和用户习惯，根据用户需求匹配导航类型。

3. 网站色彩

企业类网站的色彩包括：标准色、文字色彩、图片主色彩、页面背景色和边框色等。色彩的选择与搭配取决于企业的性质，适当地选用能充分体现企业网站的形象与内涵。但需要注意的是，在色彩搭配时，选择种类不宜过多，纯度不宜过高，否则很容易使浏览者眼花缭乱。

4. 网站文字

文字主要包括网站 Logo、网站导航栏及网站内容，字体的可阅读性，能够大大提高整个网站的点击率。在实现字意与语言意义的基础上，需要追求字体的美学效应，将文字图像化、意象化，可以适当地体现字体的趣味性，提高浏览者的阅读兴趣。

5. banner

banner 是指网站页面的横幅广告。banner 的运用可以突出页面主题，使页面的内容更加形象化和更直观地渲染主题。在设计企业网站时，将图片分类，可以直接地传达网站的信息。通常，精美的图片有更多的感情色彩，可以引起浏览者的共鸣。

6. 快速通道

快速通道通常是根据企业网站的性质和客户的要求进行设计，需要与页面中其他元素相协调。大多数企业网站都是把企业简介、企业新闻和联系我们作为网页中快速通道的三大主题内容。

根据所学习的企业网站首页设计表现技法，实现如图 2-2 所示的界面视觉效果。

第 1 步：打开 Photoshop 软件，单击【文件】→【新建】命令或按 Ctrl+N 快捷键，新建一个名为"企业网站首页"、RGB 颜色模式、"宽度"和"高度"分别为 1920 像素和 1000像素、"分辨率"为 72 像素/英寸、"背景内容"为白色的文件，如图 2-8 所示。

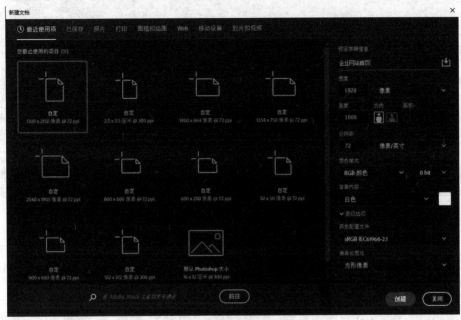

图 2-8 新建文档

第 2 步：新建空白图层，填充颜色"#051a69"，如图 2-9 所示。

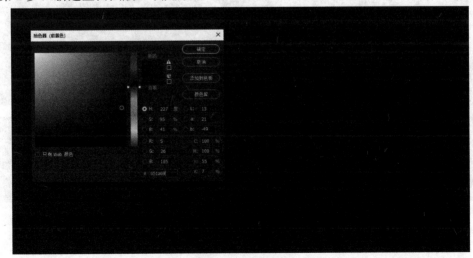

图 2-9 新建图层

第 3 步：新建一个文件夹组，命名为"顶部"，在组内用【矩形工具】 创建宽度 1920 像素、高度 150 像素、填充颜色为"#151139"的矩形置于画面最上方，并且将图层命名为 "矩形 1"，如图 2-10 所示。

图 2-10　创建矩形

第 4 步：选择"矩形 1"图层，双击图层打开【图层样式】面板，添加【渐变叠加】 效果，"混合模式"柔光，"不透明度"48%，"角度"90 度，渐变色标从左到右依次为 "#000000""#ffffff"，如图 2-11 所示。

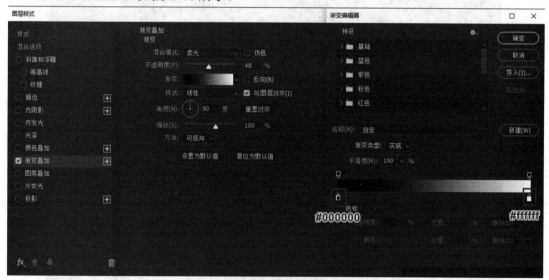

图 2-11　添加【渐变叠加】效果

第 5 步：添加【渐变叠加】，显示效果如图 2-12 所示。

图 2-12 渐变效果

第6步：置入"底纹"素材，并且为其添加【图层蒙版】，从左到右使用黑、白、黑线性渐变填充蒙版，使底纹产生两边虚化的效果，如图 2-13 所示。

图 2-13 置入素材并添加【图层蒙版】

第 7 步：复制"底纹"图层两次，将拷贝对象分别置于顶部矩形的两侧，如图 2-14 所示。

图 2-14 复制素材

第 8 步：为了强调版块间的区分，用【矩形工具】■创建宽度 1920 像素、高度 1 像素、填充颜色为"#ceb37c"的矩形置于"矩形 1"最下方，营造描边效果，如图 2-15 所示。

图 2-15　创建描边效果

第 9 步：使用【文字工具】■创建文字图层，添加导航文本内容，填充颜色"#f6d489"，效果如图 2-16 所示。

图 2-16　添加导航文本

第 10 步：为导航创建鼠标滑过效果，选择导航文本中的其中一选项，修改颜色为"#4c1f16"；用【矩形工具】■创建宽度 120 像素、高度 36 像素、填充颜色"#f6d489"、描边颜色"#4f3b29"、"描边宽度"1 像素的矩形置于文本图层下方，如图 2-17 所示。

图 2-17　创建鼠标滑过效果

第 11 步：制作二级导航背景框，用【矩形工具】■创建宽度 120 像素、高度 120 像素的矩形，填充颜色"#051a69"，将图层的"不透明度"设为 75%，如图 2-18 所示。

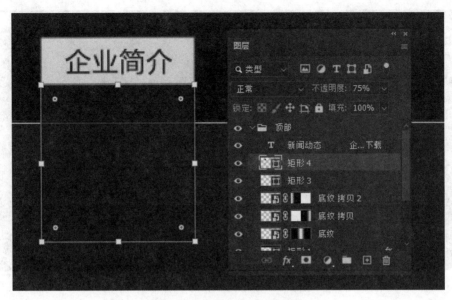

图 2-18 制作二级导航背景框

第 12 步：双击图层打开【图层样式】面板，添加【描边】效果，描边颜色"#4f3b29"，描边"大小"1 像素，"位置"外部，如图 2-19 所示。

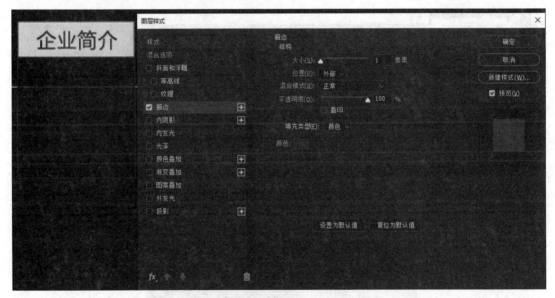

图 2-19 添加【描边】效果

第 13 步：添加【内阴影】效果，"混合模式"正常，填充颜色"#fff3af"，"不透明度"为 100%，"角度"120 度，"距离"1 像素，如图 2-20 所示。

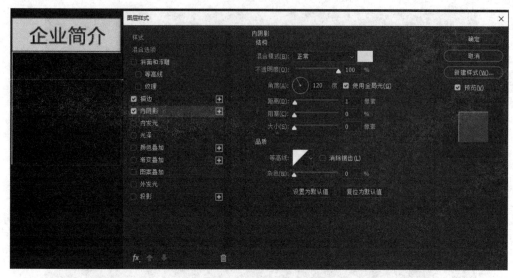

图 2-20 添加【内阴影】效果

第 14 步：继续添加【渐变叠加】效果，"混合模式"饱和度，"角度"90 度，"样式"线性，渐变色标从左到右依次为"#e7dab7""#d4b374""#fbe6cb"，如图 2-21 所示。

第 15 步：创建文字图层，为二级导航添加文本，填充颜色"#dab576"，如图 2-22 所示。

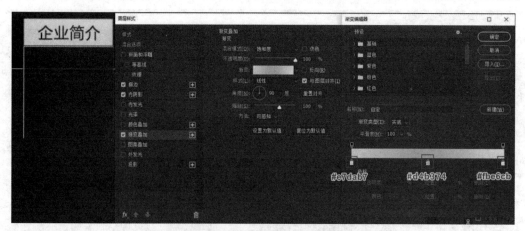

图 2-21 添加【渐变叠加】效果

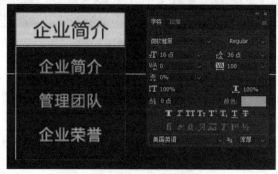

图 2-22 为二级导航添加文本

第 16 步：为了模拟鼠标滑过效果，在二级菜单选项的某一项下添加下划线，用【矩形工具】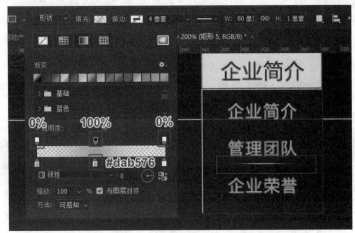创建宽度 80 像素、高度 1 像素的矩形，设置线性渐变填充，渐变色标均为"#dab576"，不透明度色标从左到右依次为"0%""100%""0%"，"角度"0 度，如图 2-23 所示。

图 2-23　模拟鼠标滑过效果

第 17 步：新建图层，将其命名为"光效"，选择画笔工具中的柔边圆画笔，设置画笔"大小"330 像素，"硬度"0%，颜色"#00cafd"；再用矩形选框工具将下半部分删去，将图层的【混合模式】改为"点光"，"不透明度"设为 50%，如图 2-24 所示。

图 2-24　添加"光效"

第 18 步：置入"Logo"素材和图标按钮素材，放置在导航版块的左上角；然后创建快速通道文本对象，文字填充颜色"#ffe2a3"，将其放置在导航版块的右上角，效果如图

2-25 所示。

图 2-25　置入"Logo"素材和图标按钮素材

第 19 步：新建一个文件夹组，命名为"banner 版块"，置于"顶部"组下方，在组内用【矩形工具】■创建宽度 1400 像素、高度 400 像素的矩形在画面水平居中，并且将图层命名为"背景"，如图 2-26 所示。

图 2-26　新建"banner 版块"文件夹组

第 20 步：置入"效果图"素材于"背景"图层上方，点击鼠标右键执行【创建剪贴蒙版】命令，效果如图 2-27 所示。

图 2-27　置入"效果图"素材

第 21 步：为 banner 添加广告文案，使用【文字工具】■创建文字图层，输入文本内容；然后双击文字图层打开【图层样式】面板，添加【描边】效果，设置描边"大小"2像素，"位置"外部，"填充类型"渐变，渐变色标从左到右依次为"#b2723c""#f5e28a""#b2723c""#f8e8a0"，如图 2-28 所示。

图 2-28 创建文字并添加【描边】效果

第 22 步：继续添加【颜色叠加】效果，"混合模式"正常，填充颜色"#0d0a23"，如图 2-29 所示；添加【投影】效果，"混合模式"正片叠底，填充颜色"#0d0a23"，"不透明度"100%，"角度"135 度，"距离"4 像素，"大小"4 像素，如图 2-30 所示；设置完图层样式后效果如图 2-31 所示。

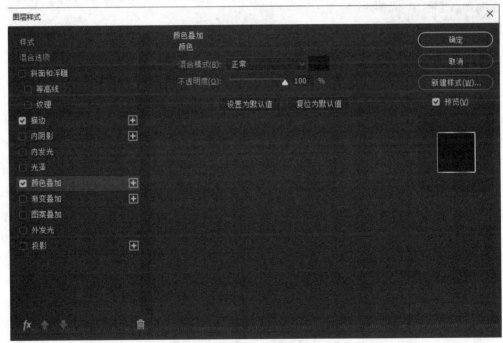

图 2-29 添加【颜色叠加】效果

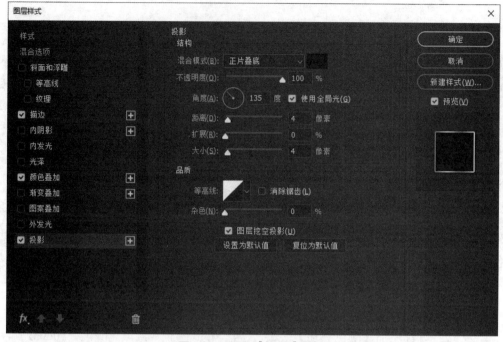

图 2-30　添加【投影】效果

图 2-31　设置完图层样式后效果

第 23 步：制作 banner 轮播窗口，首先用【矩形工具】■创建宽度 750 像素、高度 60 像素、填充颜色 "#000000" 的矩形，并且将图层命名为 "轮播背景"，将该图层 "不透明度" 调整为 70%，然后在画面水平居中对齐，如图 2-32 所示。

图 2-32　制作 banner 轮播窗口

第 24 步：双击该图层打开【图层样式】面板，添加【描边】效果，设置描边"大小"为 1 像素，"位置"外部，填充颜色为"#ffe2a3"，效果如图 2-33 所示。

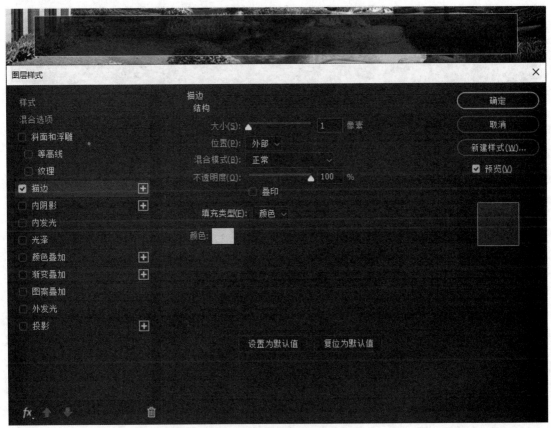

图 2-33　添加【描边】效果

第 25 步：使用【三角形工具】△创建一个三角形图标，填充颜色"#07173b"，如图 2-34 所示。

图 2-34　创建三角形图标

第 26 步：选择该图层，双击打开【图层样式】面板，添加【描边】效果，设置描边"大小"1 像素，"位置"外部，填充颜色"#ffe2a3"，如图 2-35 所示；添加【渐变叠加】效果，混合模式"柔光"，"角度"90 度，渐变色标从左到右依次为"#676868""#ffffff"，如图 2-36 所示。

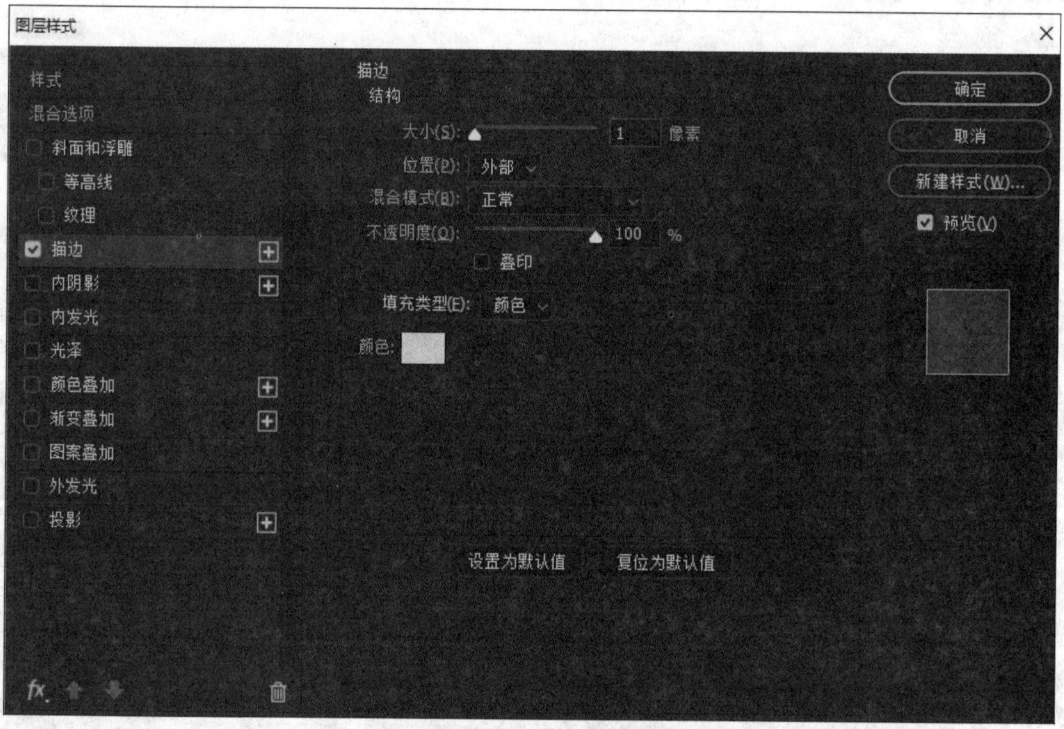

图 2-35　添加【描边】效果

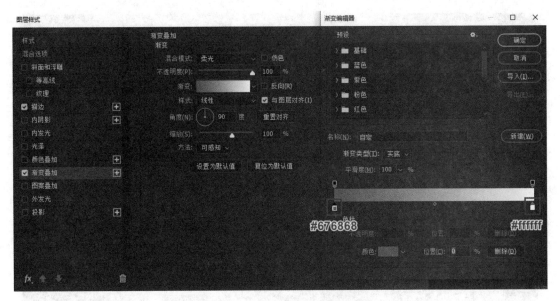

图 2-36　添加【渐变叠加】效果

第 27 步：复制三角形图标，将拷贝对象进行水平翻转，置于"轮播背景"矩形的右端，然后将两个三角形一同选中执行【垂直居中对齐】  ，效果如图 2-37 所示。

图 2-37　复制三角形图标并对齐

第 28 步：在"banner 版块"文件夹组里创建子文件夹组，命名为"轮播组 1"，用【矩形工具】 ▣ 创建宽度 100 像素、高度 50 像素的矩形与"轮播背景"图层垂直居中对齐，如图 2-38 所示。

图 2-38　创建"轮播组 1"子文件夹组

第 29 步：将"轮播背景"图层的图层样式拷贝粘贴到新建的矩形图层；置入素材"轮播图 1"于该矩形图层上方，点击鼠标右键执行【创建剪贴蒙版】命令，效果如图 2-39 所示。

图 2-39　置入素材

第 30 步：用同样的方式，创建其余的轮播组图，效果如图 2-40 所示。

图 2-40　完成所有轮播组图的创建

第 31 步：在图层面板创建新的文件夹组，命名为"区位图"，用【矩形工具】■创建宽度 440 像素、高度 194 像素、名为"区位图背景"的矩形，填充颜色"#031536"，图层"填充"数值调整为 72%，并且与"banner 版块"文件夹组左对齐；双击该图层打开【图层样式】面板，添加【描边】效果，设置描边"大小"为 1 像素，"位置"内部，描边颜色为"#b6975e"，效果如图 2-41 所示。

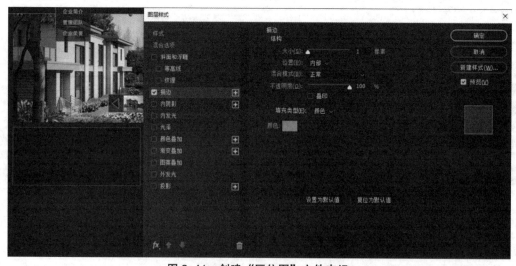

图 2-41　创建"区位图"文件夹组

第 32 步：创建文本内容，双击该图层打开【图层样式】面板，添加【渐变叠加】效果，"混合模式"正常，"不透明度"100%，"角度"0 度，渐变色标从左到右依次为"#b2723c""#f5e28a""#b2723c""#f8e8a0"，效果如图 2-42 所示。

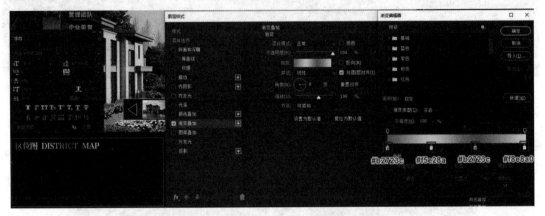

图 2-42 创建文本并添加【渐变叠加】效果

第 33 步：用【矩形工具】■创建宽度 70 像素、高度 20 像素、圆角半径 10 像素的矩形作为按钮图标，填充颜色"#b6975e"；并在该图标的上方新建文本图层，添加文字内容，填充颜色"#ffffff"，效果如图 2-43 所示。

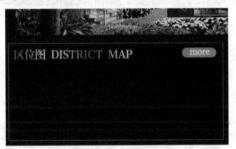

图 2-43 制作按钮图标

第 34 步：用【矩形工具】■创建宽度 420 像素、高度 140 像素的矩形；将素材"地图"置于该图层上方，点击鼠标右键执行【创建剪贴蒙版】命令，效果如图 2-44 所示。

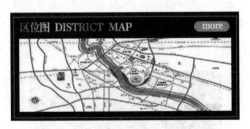

图 2-44 置入"地图"素材

第 35 步：在图层面板创建新的文件夹组，命名为"新闻"，用【矩形工具】■创建宽度 656 像素、高度 194 像素的矩形；填充颜色"#031536"；将图层命名为"新闻背景"，图层"填充"数值调整为 72%。双击该图层打开【图层样式】面板，添加【描边】效果，设置描边"大小"为1像素,"位置"内部,描边颜色为"#b6975e",效果如图2-45所示。

图2-45 创建"新闻"文件夹组

第36步:在新闻版块里创建文本内容,为版块标题设置与"区位图"版块标题相同的字符属性和渐变效果,并拷贝粘贴"区位图"版块中的按钮图标及文字,如图2-46所示。

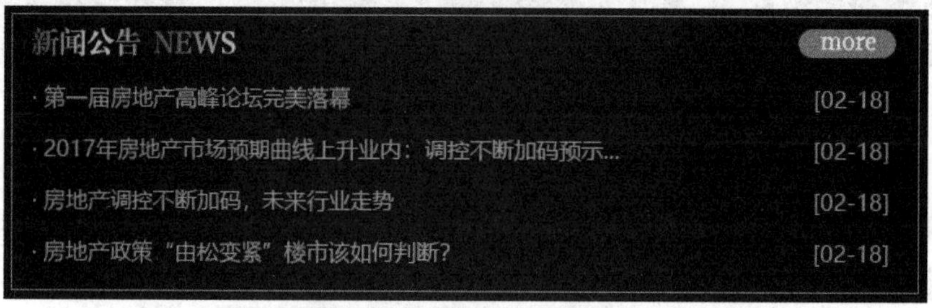

图2-46 在新闻版块创建文本

第37步:在图层面板创建新的文件夹组,命名为"视频",用【矩形工具】 ▣ 创建宽度286像素、高度194像素的矩形;填充颜色"#031536";将图层命名为"视频背景",图层"填充"数值调整为72%,拷贝粘贴"新闻背景"图层的图层样式,如图2-47所示。

图2-47 创建"视频"文件夹组

第38步:在视频版块里创建文本对象,为标题设置与"区位图"版块标题相同的字符属性和渐变效果,并复制粘贴"区位图"版块中的按钮图标及文字,效果如图2-48所示。

图2-48 在视频版块创建文本

第 39 步：用【矩形工具】  创建宽度 260 像素、高度 140 像素的矩形；将素材"视频"置于该图层上方，点击鼠标右键执行【创建剪贴蒙版】命令，效果如图 2-49 所示。

图 2-49　置入"视频"素材

第 40 步：用【矩形工具】  创建宽度 68 像素、高度 50 像素、圆角半径 5 像素的圆角矩形，将图层"不透明度"调整为 80%，如图 2-50 所示。

图 2-50　制作播放按钮

第 41 步：双击该图层打开【图层样式】面板，添加【描边】效果，设置描边"大小"1 像素，填充颜色"#c5c5c5"，如图 2-51 所示；添加【渐变叠加】效果，"角度"90 度，渐变色标从左到右依次为"#000000""#ffffff"，如图 2-52 所示，最终效果如图 2-53 所示。

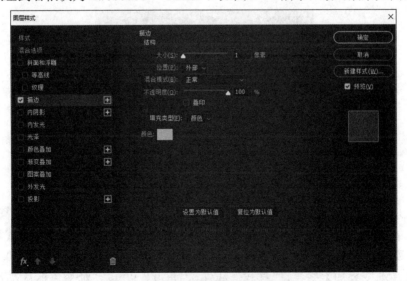

图 2-51　播放按钮添加【描边】效果

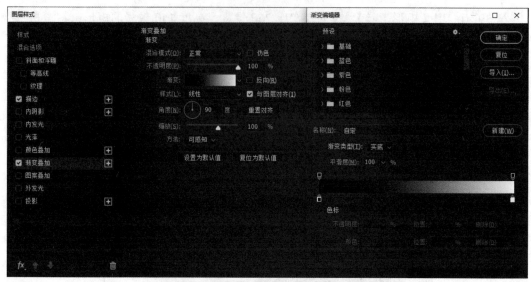

图 2-52　播放按钮添加【渐变叠加】效果

图 2-53　图层样式设置完成效果

第 42 步：用【三角形工具】⬜️创建一个三角图标，填充颜色"#ffffff"，如图 2-54 所示。

图 2-54　创建三角图标

第 43 步：新建一个文件夹组，命名为"底部"，在组内用【矩形工具】⬛️创建宽度 1920 像素、高度 200 像素的矩形置于画面最下方，双击该图层打开【图层样式】面板，添加【描边】效果，设置描边"大小"1 像素，"位置"外部，填充颜色"#ceb37c"，如图 2-55 所示；添加【渐变叠加】效果，"样式"线性，"角度"90 度，渐变色标从左到右依次为

"#000613""#19234c"，如图 2-56 所示，最终效果如图 2-57 所示。

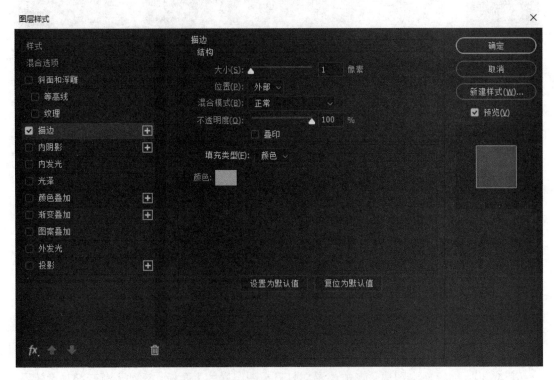

图 2-55　"底部"添加【描边】效果

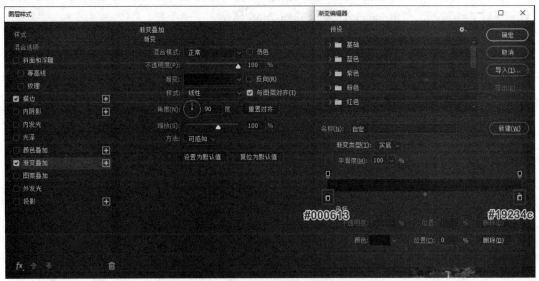

图 2-56　"底部"添加【渐变叠加】效果

图 2-57　完成图层样式设置后的效果

第 44 步：选择矩形图层，点击鼠标右键执行【转换为智能对象】命令，在图层上方置入素材"底纹 2"，点击鼠标右键执行【创建剪贴蒙版】命令，将"底纹 2"图层的【混合模式】改为"排除"，图层"不透明度"改为 10%，效果如图 2-58 所示。

图 2-58　置入素材并创建剪贴蒙版

第 45 步：创建文本图层，双击该图层打开【图层样式】面板，添加【渐变叠加】效果，"混合模式"正常，"不透明度"100%，"角度"0 度，渐变色标从左到右依次为"#b2723c""#f5e28a""#b2723c""#f8e8a0"，效果如图 2-59 所示。

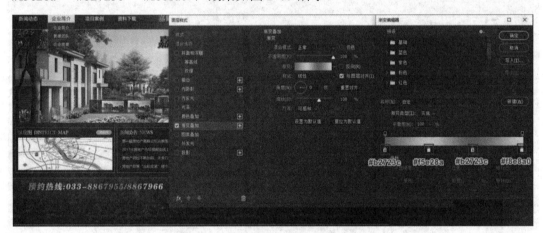

图 2-59　文本层添加【渐变叠加】效果

第 46 步：添加素材"电话图标"及其他文本内容，如图 2-60 所示。

图 2-60　添加素材及其他文本

第 47 步：网站首页最终完成效果如图 2-61 所示。

图 2-61　网站首页最终完成效果

通过本次任务对企业类网站界面设计的学习，学习者对企业类网站的概念、分类、构成要素有了初步了解，并且通过实践操作对企业类网站首页的设计表现方法有进一步认知。

根据网站首页设计风格，任选导航中的内容制作 2 个二级页面，3 个三级页面。

项目三　游戏网站首页设计

互联网的出现为电子游戏的发展提供了新的平台，凭借信息双向交流、速度快、不受空间限制等优势，电子游戏改变了单机游戏固定、呆板的状况，让真人玩家参与游戏互动，提高了游戏的真实性和竞技性，使玩家在虚拟世界里可以发挥现实世界中无法实现的潜能。游戏类网站是时下非常受欢迎的网站类型，在网站界面设计中更注重视觉冲击力和交互体验，可以通过富有质感的视觉效果，并使用具有游戏特色的场景、配色及布局的方式来表现。通过游戏网站首页的制作，学习游戏类网站界面设计的相关知识和设计表现方法。在任务实现过程中：

- 了解界面设计在游戏类网站中的意义。
- 了解游戏类网站的分类。
- 掌握网页设计的色彩搭配原则。
- 掌握游戏类网站页面设计的表现方法。

科技是第一生产力、人才是第一资源、创新是第一动力。创新是一个国家、一个民族发展进步的不竭动力，是推动人类社会进步的重要力量。面对当今激烈的国际竞争，作为引领发展第一动力的创新显得越发重要，构建创新型国家也成为我国发展的必然选择。作为新时代的青年学子，必须时刻加强自己的创新意识，不断激发自身的创新动力，努力成为符合国家发展建设要求、具有创新精神的技术技能型人才。

【情景导入】

网络游戏具有互联网独特的美学形式和艺术结构。游戏过程中对交互设计感受的好坏，直接影响着玩家的游戏体验和感性判断。界面设计是游戏设计中非常重要的一个环节，玩家与游戏系统的直接交互就是通过界面系统完成的。游戏的界面跟产品的外观和功能一样，要能吸引玩家并且易懂易操作。在设计界面的过程中，要一直注重易用性设计原则，并且充分考虑用户感受以便随时调整界面的设计细节。本次任务主要是实现游戏网站的首页设计。

【效果展示】

基本框架如图 3-1 所示，通过本次任务的学习，能将框架图 3-1 转换成图 3-2 所示的效果图。

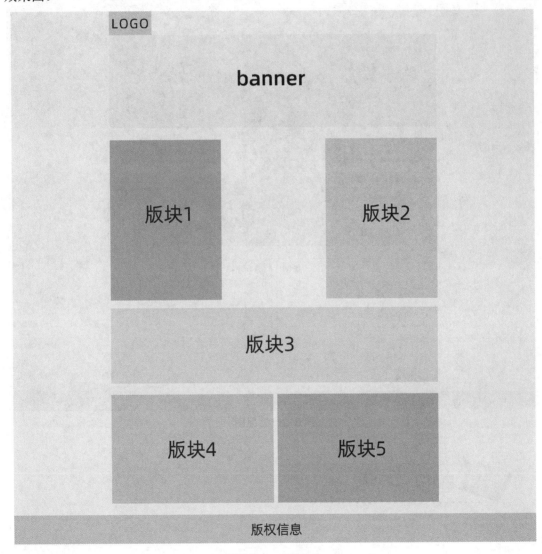

图 3-1　框架图

图 3-2　效果图

技能点 1　界面设计在游戏类网站中的意义

随着社会经济与科技的发展，人们物质生活水平不断提高，休闲娱乐已经成为当今人们生活中非常重要的一部分，游戏是一种交互式的娱乐形式。在互联网时代，玩网络游戏也已经成为最为流行的休闲娱乐方式之一。网络游戏拥有强大的人与人之间的交流空间，玩家在游戏中得到充分的虚拟现实体验，这是过去传统游戏所不能比拟的。

界面设计是网络游戏人机交互的载体。网络游戏之所以深受用户的喜爱，主要是因为其无须下载就可以直接体验，而界面设计的本质就是传播一定的信息，因此，网站界面融合了游戏的多种操作功能，比如，游戏中的按钮、画面，以及声音等都应体现在界面中，玩家需要通过和界面交互来感知游戏内容等。

界面设计是玩家选择游戏的重要因素。网游产品数量众多，玩家在选择网游时考虑的首要因素就是符合自己的预期，所以网游吸引用户的前提就是形成良好的印象，而界面视觉效果是玩家选择一款游戏的重要依据。比如，网游界面设计的风格和视觉效果是否符合玩家的需求等。

界面体现了网络游戏的内在文化。界面设计主要是根据用户的需求而进行的系列设计，是以研究用户行为方式和心理感知为基础的，因此，设计者在进行界面设计时会进行系统的研究与调查，会将网络游戏的内涵文化体现在界面设计中。

技能点 2 游戏网站的分类

游戏网站的设计目的在于能够迅速引发用户的体验兴趣，及时传递游戏特色和类型。目前，根据网络游戏的设计风格来分类的话，游戏网站的类型大致可以分为：休闲游戏网站、大型网游网站、综合游戏网站 3 类。

1. 休闲游戏网站

休闲游戏网站在设计制作过程中需要利用鲜艳活泼的配色来吸引玩家注意，整体页面采用鲜明的色彩对比，可以给人营造一种愉悦、舒服的视觉感受。同时，此类型网站经常运用可爱的卡通形象，以及大量的动画效果，烘托出一种欢快、轻松的气氛，如图 3-3 和图 3-4 所示。

图 3-3 益智卡通游戏网站   图 3-4 卡通闯关游戏网站

2. 大型网游网站

该类型网站最重视视觉性，一般使用低明度色调作为网页主色调，画面绚丽、层次感强，有视觉冲击效果，在设计过程中，合理利用一些氛围元素的渲染。例如，光、烟雾、云等素材，不仅可以起到烘托页面气氛的作用，而且还可以突出主体，弱化主体外的其他元素，成功地拉开主体与其他非主体元素之间的层次关系，给人营造出一种神秘炫酷的感觉，如图 3-5 和图 3-6 所示。

图 3-5　某西方奇幻类 RPG 网游网站　　　　　　图 3-6　某东方玄幻类 RPG 网游网站

3. 综合游戏网站

该类型网站在设计过程中强调内容的条理性，以便玩家能够快速找到想要进入的游戏入口；页面构成形式统一，色调和谐，可运用多种颜色或合理的版式布局来区分不同的游戏，如新浪游戏、腾讯游戏等，如图 3-7 和图 3-8 所示。

图 3-7　新浪游戏网站

图 3-8　腾讯游戏网站

技能点 3　网页设计的色彩搭配原则

色彩的搭配对于网页的美观非常重要，网页设计一般用同一色系的色彩，色彩层次分明但不会导致反差强烈。色彩会使用户产生心理感觉，不同的颜色会给浏览者不同的心理感受。每种色彩在饱和度、明度上略微变化就会产生不同的感觉。以绿色为例，黄绿色有青春、旺盛的视觉意境，而蓝绿色则显得幽静深远。在网页设计中，色彩搭配原则可以遵循以下几点。

1. 网页色彩的舒适性

色彩元素往往是首先吸引浏览者目光的，之后才是阅读网站的信息内容。为了使网页获得最大程度的视觉传达功能，使网页真正成为可读强性且新颖的媒体，网页的色彩设计应该符合人们视觉和心理的特点，色彩风格在符合游戏特色的前提下，具有舒适性和协调性，能够让浏览者在最舒适的状态下寻找到有用的信息，尽量减少视觉疲劳。

2. 网页色彩的视觉流程和导向

人们在阅读一种信息时，视觉总有一种自然的流动习惯，会有先后顺序。心理学的研究表明，在一个平面上，上半部让人轻松和自在，下半部则让人稳定和压抑。因此，平面的上部和中上部被称为"最佳视域"，也就是视觉最先优选的地方。网页设计中也要将一些重要的信息和主题栏放在这个位置，运用一些重点色彩与其他区域相区分，突出整页版面的主题要素，在众多构成要素中清楚地突出其主体的地位，它应该尽可能地成为阅读时视线流动的起点。如果没有这个主体色彩要素，浏览者的视线将会无所适从，或者导致视线流动偏离设计者的初衷。

3. 网页色彩设计的定位

准确地定位出特定的受众人群是准确定位一个网站设计风格的重要环节之一。设计一个网站的色系时，必须要考虑网站的主要信息内容，主要面向人群的特征，不同年龄段的受众有不同的兴趣喜好和不同经济收入、不同消费习惯等。设计师在网页配色选择上要了解和关注网站所想表现的市场定位和风格概念，什么样的色彩风格会带给人们什么样的心情。因此，针对不同类型的网站就会有不同的颜色定位，网页设计师只有设身处地地为网站经营者和市场定位人群考虑，才能设计出成功的网站界面。

根据所学习的游戏网站界面设计相关知识，实现图 3-2 所示的游戏网站首页效果。

第 1 步：打开 Photoshop 软件，单击【文件】→【新建】命令或按 Ctrl+N 快捷键，新建一个名为"游戏网站首页"，RGB 颜色模式，"宽度"和"高度"分别为 1920 像素和 1900像素，分辨率为 72 像素/英寸，"背景内容"为白色的文件，如图 3-9 所示。

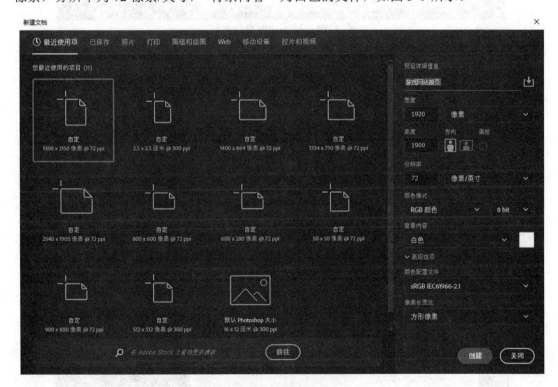

图 3-9　新建文档

第 2 步：制作网页背景，置入素材，拖动图片变换框的角点适当调整其大小，以完全覆盖整个文档，如图 3-10 所示。

图 3-10　置入"背景"素材

　　第 3 步：在"背景"图层的上方新建空白图层，选择【画笔工具】 ，设置画笔大小 600 像素左右，"硬度" 0%，"流量" 40%，颜色为"#ffffff"，在画面相应位置进行涂抹，效果如图 3-11 所示。

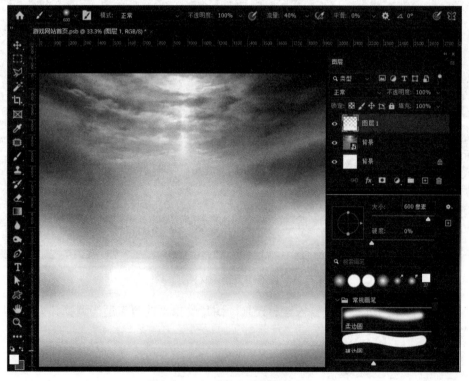

图 3-11　新建空白图层涂抹白色

第 4 步：新建空白图层，继续选择【画笔工具】，保持画笔大小 600 像素左右，"硬度"为 0%，"流量"40%，颜色为"#fe5e1f"，在画面顶部相应位置进行涂抹，效果如图 3-12 所示；然后设置该图层的【混合模式】为"滤色"，效果如图 3-13 所示。

图 3-12　新建空白图层涂抹橙色

图 3-13　设置图层的混合模式

第 5 步：新建空白图层，使用和上一步相同的方法，修改画笔颜色为"#d43139"，在画面顶部相应位置进行涂抹，效果如图 3-14 所示；然后设置该图层的【混合模式】为"滤色"，如图 3-15 所示。

图 3-14　新建空白图层涂抹红色

图 3-15　设置图层的混合模式

第 6 步：新建空白图层，继续使用和上一步相同的方法，修改画笔颜色为"#57a6c3"，在画面中间靠上的相应位置进行涂抹，效果如图 3-16 所示；然后设置该图层的【混合模式】为"柔光"，如图 3-17 所示。

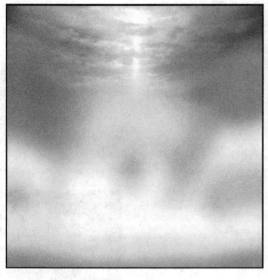

图 3-16　新建空白图层涂抹蓝色　　　　　　图 3-17　设置图层的混合模式

第 7 步：新建空白图层，使用和上一步相同的方法，修改画笔颜色为"#000000"，在画面顶端左右两角的位置进行涂抹，效果如图 3-18 所示；然后设置该图层的"不透明度"为 70%，如图 3-19 所示。

图 3-18　新建空白图层涂抹黑色　　　　　　图 3-19　设置图层不透明度

第 8 步：将素材"山 1"置入文档，如图 3-20 所示；并且为其添加【图层蒙版】◉，选择【画笔工具】✎，设置画笔"硬度"0%，颜色"#000000"，在蒙版中相应位置进行涂抹以调整素材局部的可见性，最后将图层"不透明度"设置为 60%，效果如图 3-21 所示。

图 3-20　置入素材

图 3-21　调整素材局部可见性

　　第 9 步：新建空白图层，选择【画笔工具】■，设置画笔"硬度"0%，颜色分别为"#477698"和"#e3a035"，在素材"山 1"所对应的画面位置进行涂抹，如图 3-22 所示；保持该图层选中状态，单击鼠标右键执行【创建剪贴蒙版】命令，然后设置图层的【混合模式】为"滤色"，"不透明度"为 50%，效果如图 3-23 所示。

图 3-22　新建空白图层涂抹两种颜色

图 3-23　设置图层的混合模式

　　第 10 步：置入素材"云 1"，如图 3-24 所示；拷贝该图层进行水平反转，调整其大小，将拷贝图层放置在如图 3-25 所示位置。

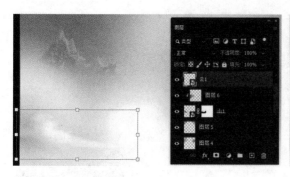 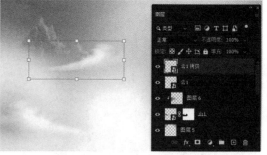

图 3-24　置入素材"云 1"　　　　　　图 3-25　拷贝云 1 图层并调整

第 11 步：置入素材"山 2"，并且为其添加【图层蒙版】◙，选择【画笔工具】✐，设置画笔"硬度"0%，颜色为"#000000"，在蒙版中相对应位置进行涂抹以调整素材局部的可见性，效果如图 3-26 所示。

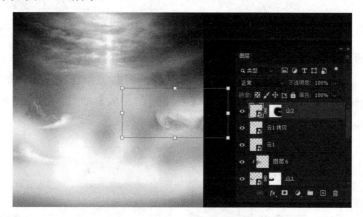

图 3-26　置入素材"山 2"

第 12 步：置入素材"城堡"，并且为其添加【图层蒙版】◙，选择【画笔工具】✐，设置画笔"硬度"0%，颜色为"#000000"，在蒙版中相对应位置进行涂抹以调整素材局部的可见性；设置图层的【混合模式】为"叠加"，"不透明度"为 50%，如图 3-27 所示。

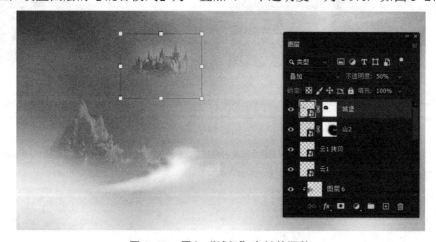

图 3-27　置入"城堡"素材并调整

第 13 步：置入素材"云 2"，设置图层的【混合模式】为"滤色"，如图 3-28 所示；拷贝该图层调整其大小，将拷贝图层放置在如图 3-29 所示位置。

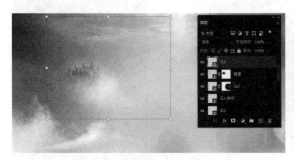

图 3-28　置入素材"云 2"

图 3-29　拷贝云 2 图层并调整

第 14 步：置入素材"云 3"，设置图层的"不透明度"为 50%，如图 3-30 所示；拷贝该图层进行水平反转，调整其大小，将拷贝图层放置在如图 3-31 所示位置。

图 3-30　置入素材"云 3"

图 3-31　拷贝云 3 图层并调整

第 15 步：置入素材"雪地"于文档画面最底部，并且为其添加【图层蒙版】◙，选择【画笔工具】，设置画笔"硬度"0%，颜色为"#000000"，在蒙版中相对应位置进行涂抹以调整素材局部的可见性；设置图层"不透明度"为 50%，效果如图 3-32 所示。

图 3-32　置入素材"雪地"并调整

第 16 步：再次多次拷贝素材"云 3"图层，在背景中不同位置加以点缀，可以适当调整图像位置以及不透明度等各参数，效果如图 3-33 所示。

第 17 步：背景部分已制作完毕，为了便于后期图层调整及修改，可以选中除了锁定图层之外的所有图层，点击【图层】面板中的"创建新组"按钮▭，将所选图层归置于同一文件夹中，并设置文件夹名称为"背景"，如图 3-34 所示。

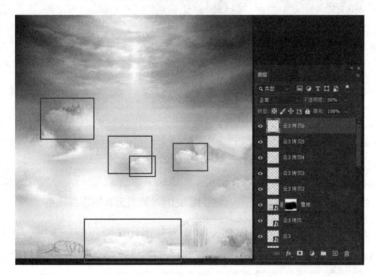

图 3-33　多次拷贝素材"云 3"图层　　　　图 3-34　创建组以归纳素材

第 18 步：再次点击【图层】面板中的"创建新组"按钮▭，并设置文件夹名称为"人物"，置入素材"人物"，如图 3-35 所示。

第 19 步：新建空白图层，选择【画笔工具】▱，设置画笔"硬度"为 0%，"流量"为 20%，颜色为"#ffffff"，在人物的下半部分进行涂抹，以营造朦胧感，效果如图 3-36 所示。

图 3-35　置入"人物"素材

图 3-36　处理人物局部效果

第 20 步：置入素材"光"，设置图层的【混合模式】为"滤色"，如图 3-37 所示；置入素材"花"，放置在如图 3-38 所示位置。

图 3-37　置入素材"光"

图 3-38　置入素材"花"

第 21 步：新建空白图层，选择【画笔工具】 ，设置画笔"硬度"为 0%，"流量"为 40%，颜色为"#e74a22"，在人物的上方进行涂抹，以营造光晕效果，如图 3-39 所示；设置图层的【混合模式】为"滤色"，如图 3-40 所示。

图 3-39　新建图层营造光晕效果　　　　　　　　图 3-40　设置图层的混合模式

第 22 步：点击【图层】面板中的"创建新组"按钮■，并设置文件夹名称为"主标题"，使用【文字工具】**T**新建文字图层，输入主标题文本内容，在画面居中对齐，距离顶部大致 80 像素即可（可使用参考线辅助），填充颜色为"#ba094b"，效果如图 3-41 所示。

第 23 步：新建空白图层，选择【画笔工具】，设置画笔"硬度"为 0%，"流量"为 20%，颜色分别为"#000000"和"#ffffff"，在文字上先后进行涂抹以营造明暗效果，如图 3-42 所示。

图 3-41　创建文字对象　　　　　　　　　图 3-42　营造文字明暗效果

第 24 步：设置图层的【混合模式】为"叠加"，点击鼠标右键执行【剪贴蒙版】命令，如图 3-43 所示。

图 3-43　设置图层混合模式并创建剪贴蒙版

第 25 步：置入素材"纹样"，设置图层的【混合模式】为"叠加"，点击鼠标右键执行【剪贴蒙版】命令，如图 3-44 所示。

图 3-44　置入素材"纹样"并调整

第 26 步：使用【文字工具】![T]新建文字图层，输入副标题文本内容，在画面居中对齐，距离顶部大致 210 像素即可（可使用参考线辅助），填充颜色为"#3883b8"，效果如图3-45 所示。

图 3-45　创建副标题

第27步：置入素材"光线"和素材"角标"，如图3-46、图3-47所示。

图3-46　置入素材"光线"　　　　　　　　　图3-47　置入素材"角标"

第28步：使用【文字工具】■新建文字图层，输入文本内容，和素材"角标"水平居中对齐，填充颜色为"#ffffff"，如图3-48所示。

第29步：执行快捷键Ctrl+R，打开【标尺】，在画面两边各拉出一条距离左右边缘500像素的参考线，点击【图层】面板中的"创建新组"按钮■，设置文件夹名称为"按钮1"，在文件夹内使用【椭圆工具】■创建宽度196像素、高度196像素、填充颜色为"#499ce3"、名称为"椭圆1"的正圆置于画面相应位置，如图3-49所示。

图3-48　新建文字图层　　　　　　　　　图3-49　创建"按钮1"组

第30步：使用【三角形工具】■创建一个填充颜色为"#a6d6ff"的三角形置于画面相应位置，如图3-50所示。

第31步：使用【文字工具】■新建文字图层，输入文本内容，填充颜色为"#ffffff"；双击图层打开【图层样式】面板，添加【投影】效果，"混合模式"正片叠底，填充颜色"#1a74c2"，"不透明度"为75％，"大小"5像素，如图3-51所示。

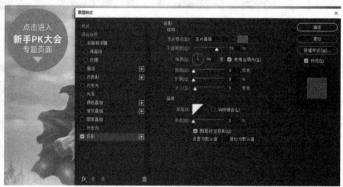

图3-50　创建三角形　　　　　　　　　图3-51　为"按钮1"创建文字对象

第32步：复制"椭圆1"，将拷贝对象的图层顺序放置在组内最上方，使用【椭圆工具】■创建一个宽度大于拷贝图形的"椭圆2"，放置在如图3-52所示的位置。

第 33 步：同时选中拷贝对象图层和"椭圆 2"图层，执行 Ctrl+E 快捷键合并图层，如图 3-53 所示。

图 3-52　复制"椭圆 1"并调整

图 3-53　合并图层

第 34 步：保持合并图形选中状态，选择【路径选择工具】，在状态栏中点击"路径操作"按钮，在下拉菜单中选择【与形状区域相交】命令，如图 3-54 所示；将新得到的复合图形的颜色调整为"#ffffff"，"不透明度"为 90%，"填充"为 35%，如图 3-55 所示。

图 3-54　制作上半部分复合图形

图 3-55　调整复合图形

第 35 步：再次复制"椭圆 1"，将拷贝对象移动到组内最上方，使用【椭圆工具】创建一个宽度和高度大于拷贝图形的正圆，同时选中拷贝图层和新建图层，如图 3-56 所示；执行 Ctrl+E 快捷键合并图层，保持合并图形选中状态，选择【路径选择工具】，在状态栏中点击【路径操作】按钮，在下拉菜单中选择"减去顶层形状"命令；将新得到的复合图形的颜色调整为"#ffffff"，"不透明度"为 50%，"填充"为 30%，如图 3-57 所示。

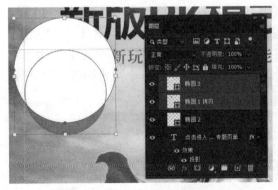

图 3-56　制作下半部分复合图形

图 3-57　调整复合图形

第 36 步：第三次复制"椭圆 1"，将拷贝对象的图层顺序移动到组内最上方，并且位置向上微移，再修改成任意颜色，如图 3-58 所示；使用【椭圆工具】◯创建一个宽度和高度大于拷贝图形的正圆，同时选中拷贝图层和新建图层，如图 3-59 所示。

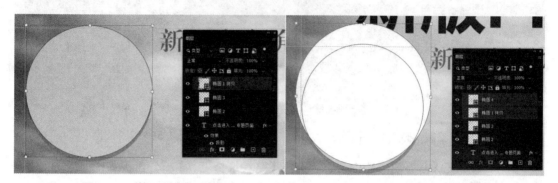

图 3-58　拷贝"椭圆 1"　　　　　　　　图 3-59　创建宽度和高度大于"椭圆 1"的正圆

第 37 步：执行 Ctrl+E 快捷键合并图层，保持合并图形选中状态，选择【路径选择工具】，在状态栏中点击"路径操作"按钮，在下拉菜单中选择"减去顶层形状"命令；将新得到的复合图形的颜色调整为"#ffffff"，"不透明度"为 60%，如图 3-60 所示。

第 38 步：按照上述操作，再次制作正圆顶部的白色半透明边缘效果，"不透明度"为50%，如图 3-61 所示。

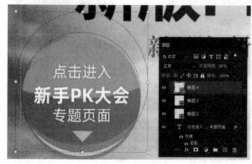

图 3-60　制作下半部高光复合图形并调整　　　图 3-61　制作上半部高光复合图形并调整

第 39 步：分别为"椭圆 2"和"椭圆 3"图层创建【图层蒙版】，选择【画笔工具】，使用黑色柔边画笔在蒙版中涂抹形状两边，使其产生透明度的渐变效果，如图 3-62 所示。

第 40 步：新建空白图层，选择【画笔工具】，设置画笔"硬度"为 0%，"大小"70 像素左右，颜色为"#ffffff"，在按钮图形的最上部边缘点击绘制一个柔边的圆作为高光，如图 3-63 所示。

图 3-62 使用画笔调整图层

图 3-63 使用画笔制作高光

第 41 步：保持绘制圆的选中状态，将其变形为椭圆，效果如图 3-64 所示。

第 42 步：复制新建的高光图层，将拷贝对象拖动到按钮图形底部，如图 3-65 所示。

图 3-64 调整高光形状

图 3-65 复制高光图层

第 43 步：复制"按钮 1"组，命名为"按钮 2"，水平移动拷贝组使其右侧边缘与右边的参考线对齐，修改按钮填充色为"#e24571"、按钮中三角形的填充色为"#ffbacd"，同时修改文本内容，效果如图 3-66 所示。

第 44 步：从【标尺】拉出两条距离左右边缘各 360 像素的参考线，点击【图层】面板中的"创建新组"按钮■，设置文件夹名称为"卷轴 1"，置入素材"卷轴"，使其左边缘和左边的参考线对齐，如图 3-67 所示。

图 3-66　制作"按钮 2"　　　　　　　　　　图 3-67　创建"卷轴 1"组

第 45 步：使用【文字工具】T新建文字图层，输入标题编号，设置适当的字体及大小；双击图层打开【图层样式】面板，添加【渐变叠加】效果，"混合模式"正常，"样式"线性，"角度"90 度，渐变色标从左到右依次为"#a0e8ff""#b2f3ff"；接着添加【投影】效果，"混合模式"正片叠底，颜色为"#55a9d9"，"不透明度"为 70％，去选"使用全局光"选项，"角度"120 度，"大小"5 像素，如图 3-68 所示。

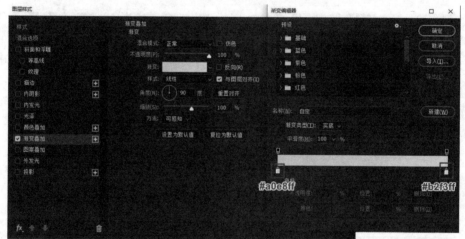

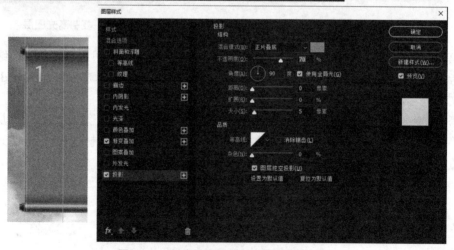

图 3-68　新建文字图层并设置图层样式

第 46 步：新建空白图层，选择【画笔工具】 ，设置画笔"硬度"为 0%，"大小" 70 像素左右，颜色为"#000000"，点击画面绘制一个柔边的圆；调整该图形变换框使其成为一个椭圆，使用【矩形选框工具】 选中并删除其右半部分，并修改图层"不透明度"为 40%；复制该图层，使用【自由变换】命令中的"水平翻转"命令调整图形方向，并执行 Ctrl+I 快捷键，反相颜色为白色，设置该拷贝图层的【混合模式】为"叠加"；最后将图层移动到画面合适的位置，效果如图 3-69 所示。

图 3-69　制作阴影效果

第 47 步：使用【文字工具】 新建文字图层，输入标题文本，设置适当的字体及大小；双击图层打开【图层样式】面板，添加【渐变叠加】效果，"混合模式"正常，"样式"线性，"角度"90 度，渐变色标从左到右依次为"#a1eeff""#ffffff"；继续添加【投影】效果，"混合模式"正片叠底，颜色为"#379cd6"，"不透明度"为 66%，去选"使用全局光"选项，"角度"120 度，"距离"1 像素，"大小"1 像素，如图 3-70 所示。

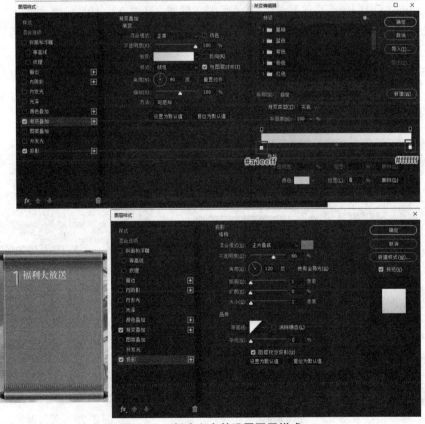

图 3-70　新建文字并设置图层样式

第 48 步：使用【文字工具】$\boxed{T}$ 创建文字图层，输入正文，设置适当的字体及大小，填充颜色 "#ffffff"；双击图层打开【图层样式】面板，添加【外发光】效果，"混合模式"正片叠底，颜色为 "#048eac"，"不透明度"为 75%，"大小"3 像素，如图 3-71 所示。

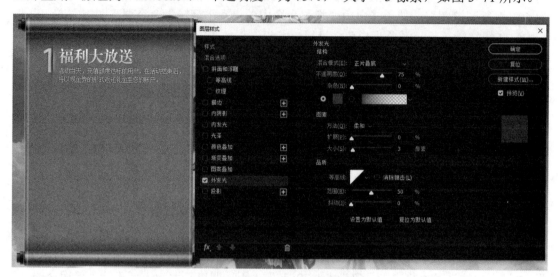

图 3-71　新建文字并设置图层样式

第 49 步：使用【矩形工具】$\boxed{}$ 创建宽度 132 像素、高度 132 像素、填充颜色 "#196ea1"、描边颜色 "#81d3ff"、"描边宽度"3 像素的矩形，然后复制矩形，水平移动拷贝对象，如图 3-72 所示。

第 50 步：再次复制矩形并向下移动，调整矩形的形状宽度与上面两个矩形的左右外边缘对齐；依次置入"卷轴素材 1""卷轴素材 2""卷轴素材 3"图片到画面合适位置，如图 3-73 所示。

图 3-72　创建矩形

图 3-73　置入素材

第 51 步：使用【矩形工具】 ![icon]创建宽度 132 像素、高度 40 像素的矩形，双击图层打开【图层样式】面板，添加【描边】效果，设置描边"大小"为 1 像素，"位置"外部，填充颜色为"#d7305f"；添加【内发光】效果，"混合模式"叠加，填充颜色"#ffffff"，"不透明度"为 62%，"大小"1 像素；添加【渐变叠加】效果，"样式"线性，"角度"90 度，渐变色标从左到右依次为"#ba1f4f""#d83568"；添加【投影】效果，"混合模式"正常，填充颜色"#063d5e"，"不透明度"为 30%，"角度"90 度，"距离"2 像素，"大小"2 像素，如图 3-74 所示。

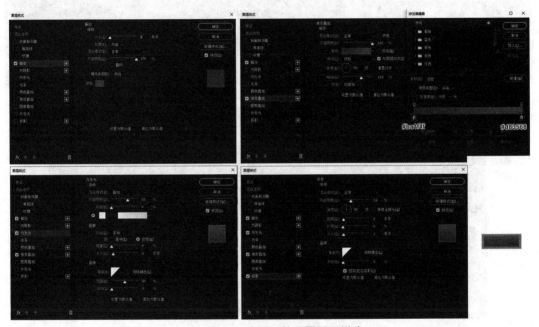

图 3-74 创建矩形并设置图层样式

第 52 步：使用【文字工具】 ![icon]新建文字图层，输入文字，设置适当的字体及大小，双击图层打开【图层样式】面板，添加【投影】效果，"混合模式"正片叠底，填充颜色"#c3144a"，"不透明度"为 75%，"角度"90 度，"距离"1 像素；添加【渐变叠加】效果，"样式"线性，"角度"90 度，渐变色标从左到右依次为"#ffe88c""#ffffff"，如图 3-75 所示。

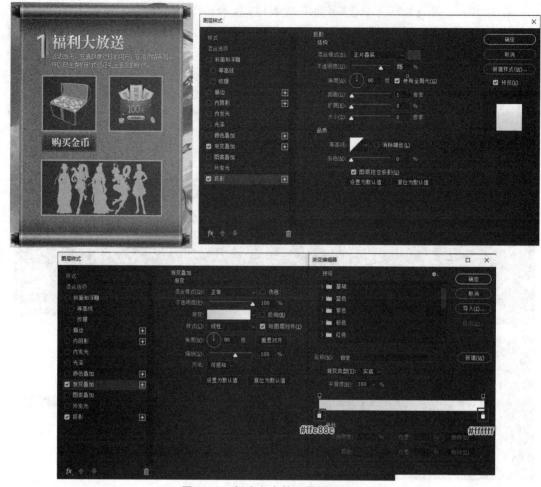

图 3-75　新建文字并设置图层样式

　　第 53 步：复制矩形按钮和文字图层，水平移动拷贝对象，并修改文字图层的文本内容，如图 3-76 所示。

　　第 54 步：使用【矩形工具】■和【三角形工具】▲制作对话框，填充颜色"#ffe88c"；使用【文字工具】T新建文字图层，输入文字，设置适当的字体及大小，填充颜色"#d61752"，如图 3-77 所示。

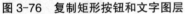

图 3-76　复制矩形按钮和文字图层　　　　　　　图 3-77　制作对话框

第 55 步：按照"卷轴 1"组的设计思路，创建制作"卷轴 2"组，其中应用到的素材为"卷轴素材 4"至"卷轴素材 9"，如图 3-78 所示。

图 3-78　创建制作"卷轴 2"组

第 56 步：点击【图层】面板中的"创建新组"按钮□，设置文件夹名称为"卷轴 3"，置入素材"卷轴 3"，按照"卷轴 1"文件夹组的设计思路，制作"卷轴 3"组，其中应用到的素材为"卷轴素材 10"至"卷轴素材 13"，如图 3-79 所示。

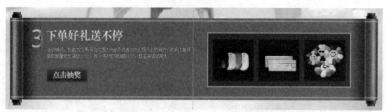

图 3-79 创建制作"卷轴 3"组

第 57 步：点击【图层】面板中的"创建新组"按钮▢，设置文件夹名称为"玩家攻略"，在组内用【矩形工具】▢创建宽度 590 像素、高度 386 像素、填充颜色"#ffffff"、描边颜色"#59a4d3"、"描边宽度"3 像素的矩形，如图 3-80 所示。

第 58 步：置入素材"图标 1"，使用【文字工具】T新建文字图层，输入文字，设置适当的字体及大小，填充颜色"#747474"，如图 3-81 所示。

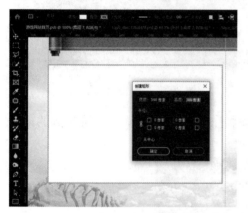

图 3-80 创建制作"玩家攻略"组

图 3-81 置入素材并创建文字

第 59 步：使用【矩形工具】▢和【文字工具】T制作按钮；使用【文字工具】T新建文字图层，输入文字，设置适当的字体及大小，填充颜色"#59a4d3"；使用【直线工具】╱制作分割线，填充颜色"#59a4d3"，如图 3-82 所示。

第 60 步：点击【图层】面板中的【创建新组】按钮▢，设置文件夹名称为"玩家排名"，按照"玩家攻略"组的设计思路，制作"玩家排名"组，其中应用到的素材为"图标 2"和"选框"，效果如图 3-83 所示。

玩家攻略		更多
【修仙攻略】修仙全新坐骑拉风外形一览		11/18
【修仙攻略】暂时停服更新公告		10/10
【修仙攻略】有效的出装才是王道		11/18
【修仙攻略】新服玩家的发展思路		10/10
【修仙攻略】初学玩家如何更强		11/18
【修仙攻略】用户通用设置相关		10/10
【修仙攻略】新版角色属性大分析		11/18
【修仙攻略】修仙初识剑灵		10/10

图 3-82 制作板块内容

玩家排名		选择游戏服务器 1服 ▼
等级排行	荣誉排行	财排行
排名	人物	等级
玩家1	≥30	全天16:00-16:30三倍奖励
玩家2	≥30	全天16:00-16:30三倍奖励
玩家3	≥30	全天16:00-16:30三倍奖励
玩家4	≥30	全天16:00-16:30三倍奖励
玩家5	≥30	全天16:00-16:30三倍奖励

图 3-83 创建制作"玩家排名"组

第 61 步：点击【图层】面板中的【创建新组】按钮，设置文件夹名称为"版权信息"，在组内用【矩形工具】创建宽度 1920 像素、高度 95 像素、填充颜色"#b6e2ff"、【混合模式】为"正片叠底"的矩形置于画面底部；分别置入素材"图标 3"和"图标 4"；使用【文字工具】新建文字图层，输入版权信息内容，设置适当的字体及大小，填充颜色"#ffffff"，如图 3-84 所示。

图 3-84　创建制作"版权信息"组

第 62 步：置入素材"花瓣"，多次复制并适当调整大小，可使用【菜单】→【模糊】命令中的"动感模糊"命令为素材添加模糊效果，效果如图 3-85 所示。

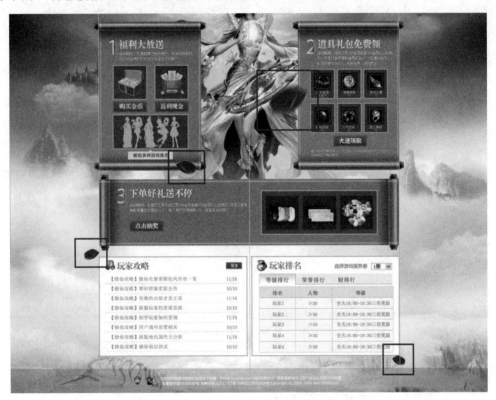

图 3-85　置入素材"花瓣"多次复制并调整

第 63 步：置入素材"Logo"于画面左上角，如图 3-86 所示。

图 3-86　置入素材"Logo"

第 64 步：网站首页最终完成效果如图 3-87 所示。

图 3-87　网站首页最终完成效果

通过本次任务对游戏网站首页设计的学习，学习者可以了解界面设计在游戏类网站中的意义，对游戏类网站的分类、色彩搭配原则有了初步了解，并且通过实践操作对游戏类网站界面的设计表现方法有进一步认知。

设计一款网络游戏的首页界面，要求视觉效果突出，版面内容丰富，色彩协调统一，能体现良好的交互性。

项目四　校园网站首页设计

计算机、通信和多媒体技术的迅速发展，让网络上的应用变得更加丰富。因此，校园类网站设计的进一步要求就是满足多媒体教学和办公管理等方面的需求。为了适应当前网络时代的发展趋势，一个高效、实用且美观的校园网站建设是必不可少的。通过校园网站首页设计，学习校园类网站相关知识，了解此类网站的概念、功能和设计技巧。在任务实现过程中：

- 了解校园类网站的概念。
- 理解校园类网站的功能。
- 掌握校园类网站界面的设计原则。
- 掌握校园类网站的色彩搭配原则。
- 通过实践掌握校园类网站页面的设计表现方法。

迈进新征程，中国正在走向世界舞台，必定会成为舆论焦点和中心。百年复兴之大业将在本世纪中叶变成现实，互联网从业者必将成为百年复兴舆论场的主角。作为网页界面设计师，在今后的工作中，应当积极发挥专业优势，用好网络阵地，讲好中国故事，发出中国声音，画好网上最大同心圆，为营造良好网络环境、加快网络强国建设贡献智慧和力量。

【情景导入】

校园网站是学校信息化建设的重要组成部分，是外界社会了解学校精神、文化、科研、教学、服务等诸多领域的重要窗口。对校园网站界面可用性设计的研究，可以优化校园网站界面结构、提高建站质量和用户满意度，有利于提升学校的整体社会形象，促进学校与社会各界之间的相互交流与合作。本次任务主要是实现校园网站的首页设计。

【效果展示】

通常，校园类网站的界面布局基本上采用上中下、左中右、左右、上下或上下左右混合几种方式，可以根据实际需求选择合理的版式布局类型。除了思考布局之外，还需要考虑分辨率与网页大小的关系，现今大部分显示器都是 1024px×768px 以上的分辨率，所以在进行页面设计时还要选择合理的宽度对比。本案例基本布局如图 4-1 所示，通过本次任务的学习，能将框架图 4-1 转换成图 4-2 所示的效果图。

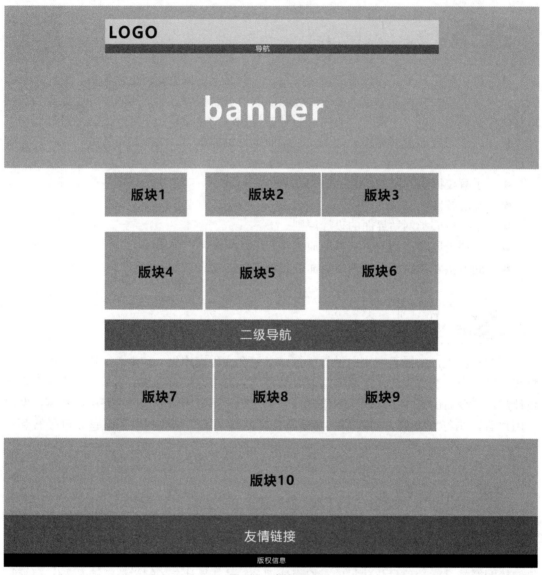

图 4-1　框架图

图 4-2　效果图

技能点 1　校园类网站概述

校园类网站，简而言之就是指学校内部各类网站、信息系统的总和，是学校内部资讯对外与互联网信息资源实现交互、共享的输入口和接收口。通常来说校园网站一般是由作为形象框架的门户网站和作为内容主体的二级页面共同组成的。

校园类网站与其他类别的商业网站最大的不同点为：它不以盈利为目的，没有商业网站信息量庞杂、充斥娱乐性等常见特质，校园类网站的界面设计通常都很直观，它无关娱乐、不涉及广告，秉承"需求为先，教育为本，技术为用"的宗旨，向它的用户提供准确有用且高效的信息；校园类网站的用户也与其他网站不同，校园类网站的用户一般包括三大类别：学生用户、教职工、校外用户。作为校园类网站，它的栏目设置和信息发布内容具有一定的局限性，一般只涉及学校相关的新闻动态、校园机构设置、学校内部的教学、考试招生等各项信息内容。除了为本校师生提供信息服务之外，同时它也是学校对外宣传的窗口。

技能点 2　校园类网站的功能

校园类网站是学校信息化建设的平台，由多媒体元素组成，以网络传播的方式展示着学校的信息资源。它在实现各个信息系统之间数据的实时访问和更新的同时，也将学校的各类信息应用系统、完美地融合在一起，为用户提供人性化的互联网信息服务。

随着网络媒介的飞速发展，校园网站已成为学校的"网络名片"，它是学校在互联网世界的整体形象展现，是展示学校的办学特色、丰富校园文化内涵、彰显学校气质品位的一个重要窗口。一所学校的网站建设质量与水平高低，直接关系到该校的教学、科研、文化、精神、服务等诸领域的社会形象。简而言之，校园类网站是依托于校园网络这一背景而建立起来的，它既是学校内部传递通知信息公告最便捷的公共平台，也是利用互联网这一传播优势对外进行形象宣传的窗口，还是学校师生获取校内资源信息和互联网资源信息的重要输入口和接收口；是学校深入推进信息化建设的最有力的先行者和最重要的组成部分，更是学校利用校园网络来进行信息化教学、服务、管理、科研的网络平台。

技能点 3　校园类网站页面的设计原则

1. 主次分明，突出重点

网站页面的视觉中心一般在屏幕中央，或者在中间偏上的部位，一些重要的内容可以设置在该位置，在视觉中心以外的地方则可以安排一些次要内容，这样在页面上就可以突出重点，做到主次有别。以图 4-3 为例，画面以中上部的信息为主导，具体的站内版块信息是次要部分，位于画面下半部。

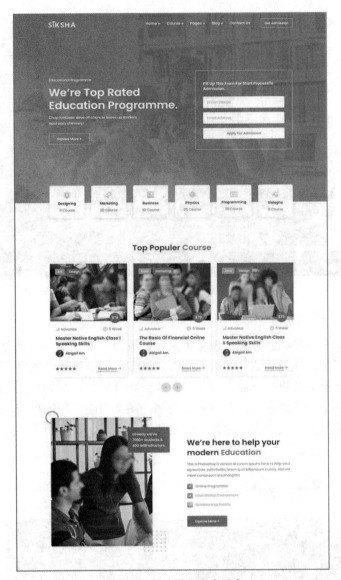

图 4-3 网站页面突出重点

2. 疏密均匀，合理搭配

首先，在设计页面布局时应当对界面的各个部分进行合理安排，避免出现一些部分过于堆砌，而一些部分过于松散的情况。其次，还要注意对字间距与行间距进行科学排版，保证信息内容划分清晰，遵循易找易读原则，过于拥挤和过于松散的字段都会影响页面的整洁度和用户的体验感。最后，应当对色彩搭配和图形搭配进行科学合理的设计搭配。例如，红绿搭配视觉冲击力强，圆形与方形进行搭配，活泼又不失庄重，合理的搭配可以提升视觉效果，使页面错落有致，避免重心偏离。以图 4-4 为例，整幅画面是由一张底图铺底，配合文字、标题及设计感很强的几个邻近色色块还有 Logo 等元素实现大小主次搭配，营造出了良好的画面气氛。

图 4-4　网站页面合理搭配

3. 图文并茂，生动活泼

文字和图片具有一种相互补充的视觉关系，若页面上文字太多，就会降低视觉吸引力和浏览者的阅读兴趣，显得单调；若页面上图片过多，缺少描述性文字，则会降低页面的信息量。因此，理想的效果是页面中文字与图片的相互搭配，互为衬托，既能使页面生动活泼，又能提供相应的信息内容。以图 4-5 为例，图文搭配，相辅相成，组合传达画面信息，既能节省文字描述，又能直观地说明想要传达的信息，直接而具体。

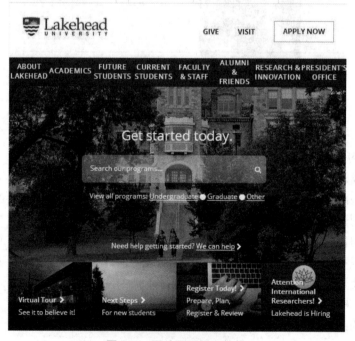

图 4-5　网站页面图文并茂

技能点 4　校园类网站的色彩搭配原则

1. 网页配色的鲜明性

一般学校的网页色彩要鲜艳明亮，能用有彩色的就不用无彩色的，这样容易引人注目。有关实验表明，人们对有彩色的内容的记忆效果是无彩色的 3～5 倍。也就是说，彩色网页比完全黑白的网页更能吸引人的注意。

2. 网页配色的独特性

在网站云集的互联网，一个学校网站的网页色彩只有与众不同、独一无二，才能给浏览者留下深刻的印象。尤其在同类的校园网站中，色彩搭配一定要符合学校的办学风格、人文气息，同时独特性也很重要。

3. 网页配色的针对性

学校因其办学属性的不同，网页当然也是各种各样的，不同类别的学校网页色彩也有较大的区别，所以设计者在使用色彩时，要有针对性，能体现出该学校的特色。比如师范类学校在色彩搭配上要稳重大气，中小学校园网站可以选择青春活泼的配色，艺术类院校可以尝试时尚前卫的色彩搭配风格等。

4. 网页配色的相关性

校园网站色彩要与网站的主题相关联。不同的色彩有不同的象征意义，给人的心理感受也不同。所以不同的网站在选择色彩时，要充分考虑色彩的象征意义和人们的心理感受；同时也要考虑学校外在形象的标准色，一般校园类网站设计要与校徽使用的标准色协调统一起来。

5. 网页配色的舒适性

校园网站的色彩设计要利于访问者对大量网页信息浏览的同时，尽量减少屏幕刺激，减轻视觉疲劳。文本要易于阅读，图像要易于区别。这就要考虑网页中图形和文字色彩搭配的舒适性。

根据所学习的校园网站设计相关知识，实现图 4-2 所示的校园网站界面效果。

第 1 步：打开 Photoshop 软件，单击【文件】→【新建】命令或按 Ctrl+N 快捷键，新建一个名为"学校网站首页"、RGB 颜色模式\"宽度"和"高度"分别为 1920 像素和 1844 像素、分辨率为 72 像素/英寸、"背景内容"为白色的文件，如图 4-6 所示。

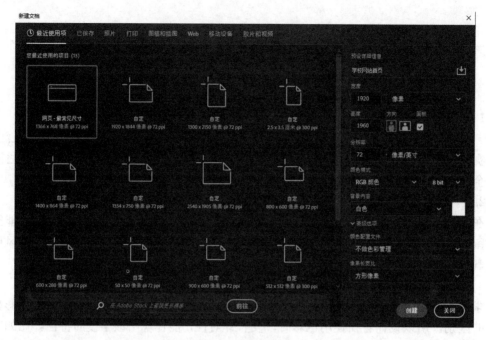

图 4-6　新建文档

　　第 2 步：新建一个文件夹组，命名为"顶部"，在组内用【矩形工具】▣创建宽度 1920
像素、高度 568 像素的矩形置于画面最上方，如图 4-7 所示。

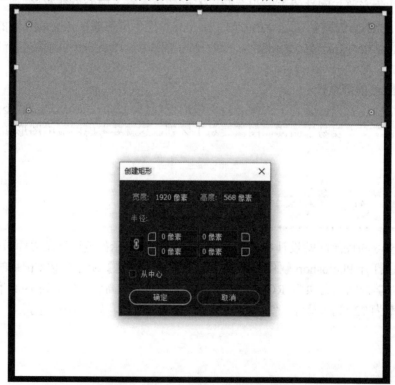

图 4-7　新建"顶部"组并创建矩形

第3步：置入"banner"素材于矩形图层上方，选择"banner"素材所在图层，点击鼠标右键执行【创建剪贴蒙版】命令，如图4-8所示。

图4-8　置入"banner"素材

第4步：用【矩形工具】■创建宽度1200像素、高度88像素、左上角半径和右上角半径10像素的矩形，填充颜色"#ffffff"，设置图层"不透明度"为90%，执行【水平居中对齐】■命令，参照的对齐对象选择"画布"，如图4-9所示。

图4-9　新建矩形并调整

第5步：在"顶部"组内创建子文件夹组，命名为"导航"，用【矩形工具】■在该组内创建宽度166像素、高度32像素、角半径2像素的圆角矩形，填充颜色"#0853ec"，将图层"不透明度"调整为90%，如图4-10所示。

图 4-10　创建"导航"组并新建矩形

第 6 步：将该矩形图层复制 6 次，并把 7 个矩形同时选中，先后执行【顶对齐】■和【水平居中分布】■命令，如图 4-11 所示。

图 4-11　复制图层并对齐

第 7 步：使用【文字工具】■创建导航的文本内容，填充颜色"#ffffff"，如图 4-12 所示。

图 4-12　创建导航文本

第 8 步：置入素材"校徽"，并使用【文字工具】■创建文字图层，输入学校名称，填充颜色"#1154dd"，如图 4-13 所示。

图 4-13　置入素材并创建文字

第 9 步：在"顶部"组内创建子文件夹组，命名为"搜索"，用【矩形工具】▣在该组内创建宽度 246 像素、高度 28 像素、填充颜色"#ffffff"的矩形；双击该图层打开【图层样式】面板，添加【描边】效果，设置描边"大小"1 像素，"位置"外部，填充颜色"#c7c7c7"，如图 4-14 所示。

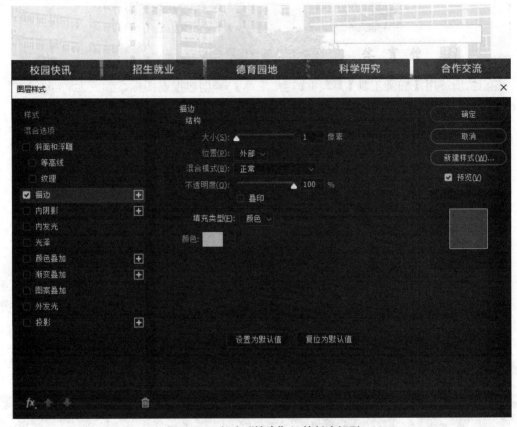

图 4-14　新建"搜索"组并创建矩形

第 10 步：置入素材"home 图标"，如图 4-15 所示。

图 4-15　置入"home 图标"素材

第 11 步：制作搜索按钮，用【矩形工具】▣创建填充颜色为"#ff8b19"的矩形；使用【文字工具】Ｔ创建"搜索"文本，填充颜色"#ffffff"，如图 4-16 所示。

图 4-16　制作搜索按钮

第 12 步：用【椭圆工具】⬤和【矩形工具】▦创建搜索图标，颜色为"#c7c7c7"，如图 4-17 所示。

图 4-17　创建搜索图标

第 13 步：在"顶部"组内创建子文件夹组，命名为"校训"，在子文件夹组内用【椭圆工具】⬤创建宽度 218 像素、高度 218 像素的正圆，填充颜色"#0fe8c2"，图层"不透明度"调整为 70%，如图 4-18 所示。

图 4-18　新建"校训"组并创建圆

第 14 步：复制图层，并修改填充颜色为"#f4bb59"，如图 4-19 所示。

图 4-19 复制图层并调整

第 15 步：用【矩形工具】 ▣ 创建宽度为 2 像素的直线，填充颜色"#ffffff"，将图层"不透明度"调整为 70%，如图 4-20 所示。

图 4-20 创建装饰线

第 16 步：新建文字图层，使用【文字工具】 T 输入文本，填充颜色"#1f64e0"，如图 4-21 所示。

图 4-21 新建文字图层

第 17 步：选择该文字图层，双击该图层打开【图层样式】面板，添加【描边】效果，设置描边"大小" 2 像素，"位置"外部，填充颜色为"#ffffff"，如图 4-22 所示。

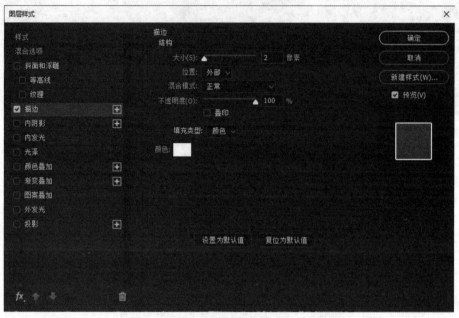

图 4-22　设置描边效果

第 18 步：继续添加【投影】效果，"混合模式"正片叠底，填充颜色"#0e2a5d"，"不透明度"为 75%，"角度" 120 度，"距离" 5 像素，"大小" 5 像素，如图 4-23 所示。

第 19 步：文字对象添加图层样式后的完成效果如图 4-24 所示。

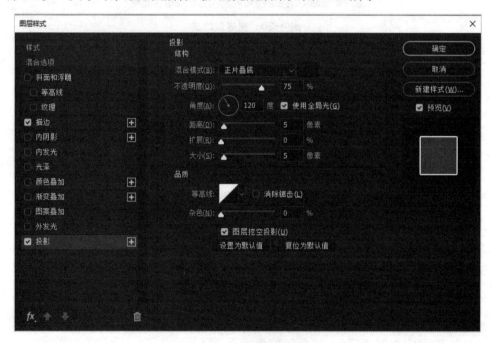

图 4-23　设置投影效果

图 4-24 文字对象添加图层样式后的完成效果

第 20 步：使用【文字工具】▉新建文字图层，输入文本内容，填充颜色"#ffffff"，选择该文字图层，双击打开【图层样式】面板，添加【投影】效果，"混合模式"正片叠底，填充颜色"#ff4800"，"不透明度"为 75%，"角度"120 度，"距离"2 像素，"大小"2 像素，如图 4-25 所示。

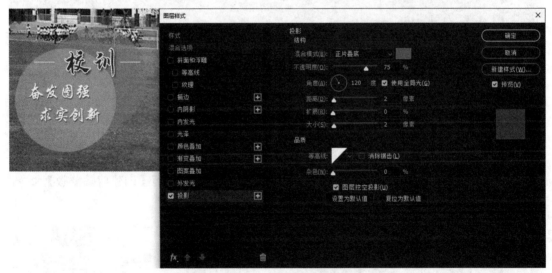

图 4-25 新建文字并为其设置图层样式

第 21 步：用【矩形工具】▉创建 5 个轮播图片切换按钮，分别填充颜色"#ffffff"和"#ff8b19"，将按钮图层的"不透明度"统一调整为 80%，然后将这些矩形一起选中，与画布水平居中对齐，如图 4-26 所示。

图 4-26　创建轮播图片切换按钮

　　第 22 步：新建一个文件夹组，命名为"最新动态"，在组内用【矩形工具】■创建宽度 1920 像素、高度 180 像素的矩形，如图 4-27 所示。

图 4-27　新建"最新动态"组并创建矩形

　　第 23 步：置入素材"背景"于该图层上方，点击鼠标右键执行【创建剪贴蒙版】命令，效果如图 4-28 所示。

图 4-28　置入"背景"素材

第24步：在"最新动态"文件夹组里创建子文件夹组，命名为"视频"，用【矩形工具】创建宽度300像素、高度146像素的矩形；置入素材"合唱"于该图层上方，点击鼠标右键执行【创建剪贴蒙版】命令，如图4-29所示。

图4-29　新建"视频"组并创建矩形

第25步：在子文件夹组内用【椭圆工具】创建宽度56像素、高度56像素的正圆，填充颜色"#ffffff"，将图层填充值调整为50%，如图4-30所示。

图4-30　创建播放图标

第26步：选择该图层，双击打开【图层样式】面板，添加【描边】命令效果，设置描边"大小"10像素，"位置"外部，填充颜色"#ffffff"，"不透明度"80%，如图4-31所示。

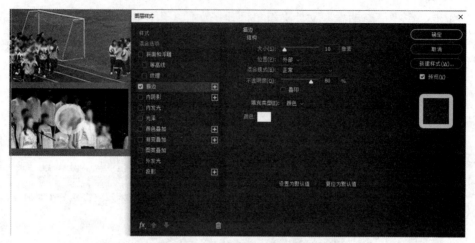

图 4-31　为图形添加描边效果

第 27 步：用【三角形工具】 △ 创建三角形播放按钮，填充颜色"#ffffff"，效果如图 4-32 所示。

图 4-32　创建三角形播放按钮

第 28 步：使用【文字工具】 T 新建文字图层，输入文本内容，填充颜色"#ffffff"，并在两个文本版块间加入颜色为"#ffffff"的垂直线以进行划分，效果如图 4-33 所示。

图 4-33　新建文字

第 29 步：新建一个文件夹组，命名为"新闻中心"，在"新闻中心"文件夹组里创建子文件夹组，命名为"新闻图标"，用【矩形工具】▣和【三角形工具】△创建切换版块按钮，分别填充颜色"#0853ec"和"#ffffff"，双击白色按钮图层打开【图层样式】，添加【描边】效果，设置描边"大小"1 像素，"位置"内部，填充颜色"#c3c3c3"，效果如图4-34 所示。

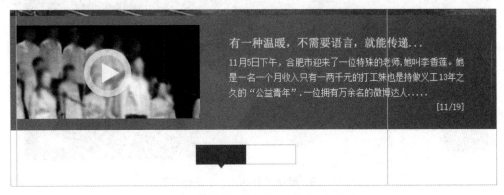

图 4-34 创建"新闻图标"组并制作图标

第 30 步：使用【文字工具】Ｔ创建文本图层，输入按钮中的文字内容，分别填充颜色"#ffffff"和"#2c2c2c"，如图 4-35 所示。

图 4-35 新建文字

第 31 步：在"新闻中心"文件夹组里创建子文件夹组，命名为"新闻 1"，在组内用【矩形工具】▣创建宽度 72 像素、高度 72 像素的矩形； 置入素材"小图 1"，选择该图层，点击鼠标右键执行【创建剪贴蒙版】命令，效果如图 4-36 所示。

图 4-36 新建"新闻 1"子文件夹组

第 32 步：使用【文字工具】![T]新建文字图层，输入文本内容（注意标题的字符属性要比正文突出），如图 4-37 所示。

图 4-37 新建文字

第 33 步：参照上述方法，将版块内的其余内容制作完成，效果如图 4-38 所示。

图 4-38　版块完成效果

第 34 步：使用【直线工具】 创建描边颜色"#6c6c6c"、宽度 740 像素的虚线。打开
【描边】样式窗口，设置"对齐"方式为内部，"虚线"参数为 4，"间隙"参数为 6，效果
如图 4-39 所示。

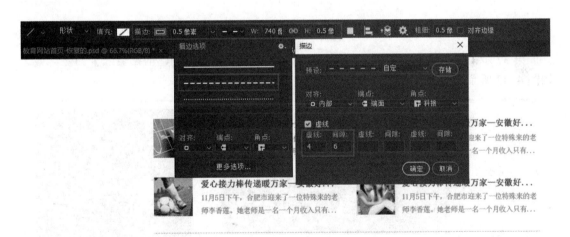

图 4-39　创建分割线

第 35 步：新建一个文件夹组，命名为"学校简介"，在组内用【矩形工具】 创建宽
度 1200 像素、高度 290 像素、填充颜色"#ffffff"、描边"宽度"1 像素、描边颜色"c0c0c0"
的矩形，如图 4-40 所示。

图 4-40　新建"学校简介"组并创建矩形

第 36 步：用【矩形工具】 创建宽度 1200 像素、高度 264 像素的矩形，和上一步创建的矩形分别进行【顶对齐】 和【水平居中】 对齐，如图 4-41 所示。

图 4-41　创建矩形并执行对齐

第 37 步：置入素材"校园风景图"，点击鼠标右键执行【创建剪贴蒙版】命令，效果如图 4-42 所示。

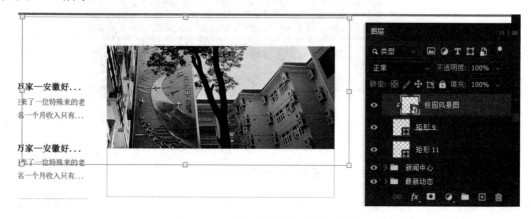

图 4-42　置入"校园风景图"素材

第 38 步：用【矩形工具】 创建高度 130 像素、宽度 80 像素的矩形，填充颜色"#0853ec"，如图 4-43 所示。

第 39 步：置入素材"房子"，再新建文字图层创建标题，填充颜色"#ffffff"，如图 4-44

所示。

图 4-43　创建矩形

图 4-44　置入"房子"素材

第 40 步：使用【文字工具】 新建段落文本输入正文，填充颜色"#434343"，如图 4-45 所示。

图 4-45　新建文本

第 41 步：新建一个文件夹组，命名为"版块链接"，在组内用【矩形工具】 创建宽度 1200 像素、高度 112 像素的矩形，填充颜色"#ebebeb"，如图 4-46 所示。

图 4-46　新建"版块链接"组并创建矩形

第 42 步：用【矩形工具】 创建 5 个宽度 214 像素、高度 76 像素的矩形，从左到右分别填充不同颜色，效果如图 4-47 所示。

图 4-47 创建矩形

第 43 步：置入素材"校园活动"，双击该图层打开【图层样式】面板，添加"描边"效果，设置描边"大小"1 像素，位置"外部"，填充颜色"#000000"，"不透明度"18%，如图 4-48 所示。

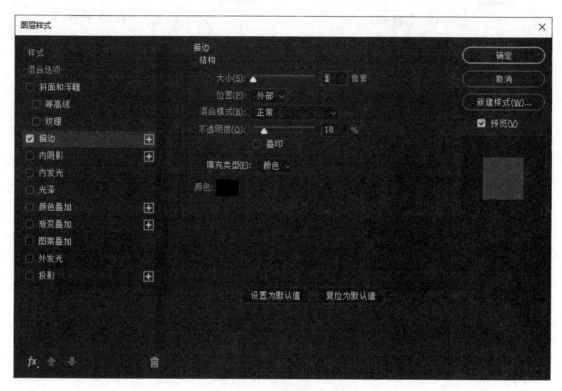

图 4-48 添加【描边】效果

第 44 步：继续添加【投影】效果，"混合模式"正常，填充颜色"#000000"，"不透明度"12%，"角度"120 度，"距离"2 像素，"大小"2 像素，如图 4-49 所示。

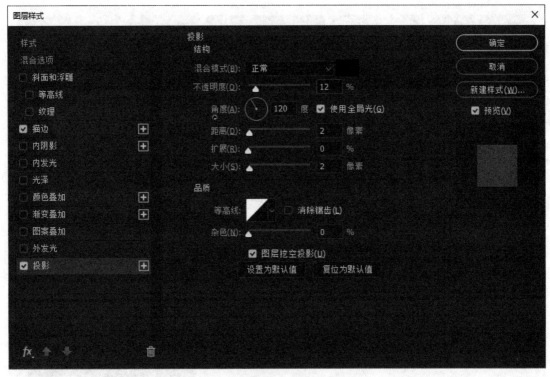

图 4-49　添加【投影】效果

第 45 步：置入其他图标素材，拷贝粘贴"校园活动"图层相同的【图层样式】，并且使用【文字工具】■新建文字图层，填充颜色"ffffff"，如图 4-50 所示。

图 4-50　置入其他图标素材并拷贝图层样式

第 46 步：置入图标素材"切换左"和"切换右"，如图 4-51 所示。

图 4-51　置入图标素材

第 47 步：新建一个文件夹组，命名为"快讯版块"，在"快讯版块"文件夹组里创建子文件夹组，命名为"news_box1"，在组内用【矩形工具】■创建宽度 390 像素、高度 255 像素、填充颜色"#f9faff"的矩形，如图 4-52 所示。

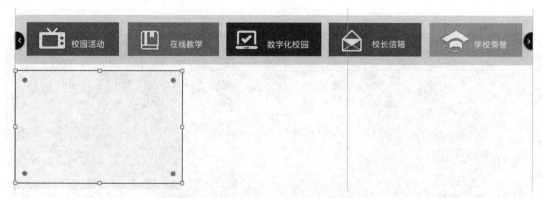

图 4-52　新建"news_box1"组并新建矩形

第 48 步：置入素材"背景 2"于矩形图层上方，点击鼠标右键执行【创建剪贴蒙版】命令，设置图层"不透明度"6%，效果如图 4-53 所示。

图 4-53　置入"背景 2"素材

第 49 步：置入素材"花朵"，并且使用【矩形工具】█制作标题下划线；使用【文字工具】█新建文字图层制作文本内容，效果如图 4-54 所示。

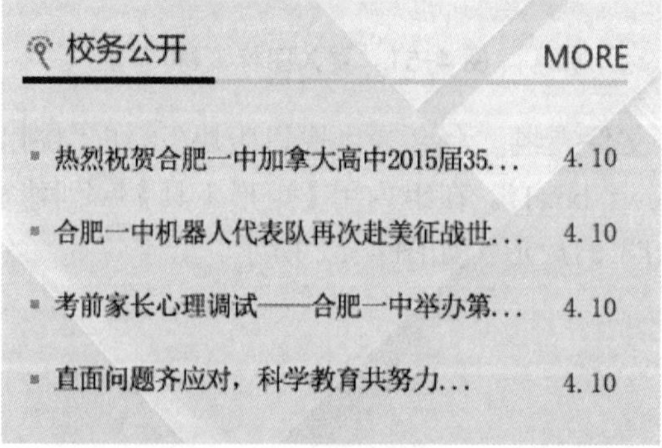

图 4-54　置入"花朵"素材并制作下划线和文本

第 50 步：根据上述方法，将"news_box2"和"news_box3"文件夹组制作完成，效果如图 4-55 所示。

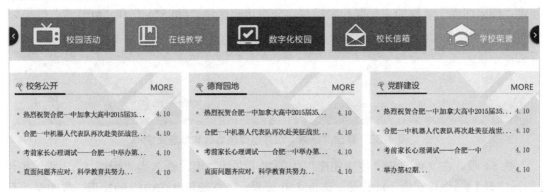

图 4-55 制作"news_box2"和"news_box3"组

第 51 步：新建一个文件夹组，命名为"校园图库"，在组内用【矩形工具】创建宽度 1920 像素、高度 270 像素、填充颜色"#f3f2f2"的矩形，如图 4-56 所示。

图 4-56 制作"校园图库"组并新建矩形

第 52 步：置入素材"校园风景图"于矩形图层上方，点击鼠标右键执行【创建剪贴蒙版】命令，设置图层的"不透明度"80%，效果如图 4-57 所示。

图 4-57 置入"校园风景图"素材

第 53 步：在文件夹组"校园图库"中创建子文件夹组，命名为"标题"，在组内用【矩形工具】■创建装饰线，填充颜色"#ff8b19"，并且使用【文字工具】T新建文字图层，创建"校园图库"版块的主标题和副标题，分别填充颜色"#0853ec"和"#ffffff"，效果如图 4-58 所示。

图 4-58　新建"标题"组并创建装饰线和标题文字

第 54 步：在文件夹组"校园图库"中创建子文件夹组，命名为"配图 1"，在组内用【矩形工具】■创建宽度 194 像素、高度 130 像素、填充颜色"#ffffff"的矩形，将图层"不透明度"调整为 70%，效果如图 4-59 所示。

图 4-59　新建"标题"组并创建矩形

第 55 步：用【矩形工具】■创建宽度 186 像素、高度 122 像素、填充颜色"#ffffff"的矩形，与上一步创建的矩形中心对齐，置入素材"校园图库-1"，点击鼠标右键执行【创建剪贴蒙版】命令，效果如图 4-60 所示。

图 4-60　创建矩形并置入"校园图库-1"素材

第 56 步：按照上述方法，将剩余配图组制作完成，效果如图 4-61 所示。

图 4-61　完成"校园图库"组的制作

第 57 步：使用【文字工具】T新建文字图层，为各个缩览图组创建标题，如图 4-62 所示。

图 4-62　各个缩览图组创建标题

第 58 步：新建一个文件夹组，命名为"友情链接"，用【矩形工具】▣创建宽度 1920 像素、高度 130 像素、填充颜色"#e9e9e9"的矩形置于"校园图库"版块的下方，如图 4-63 所示。

图 4-63　新建"友情链接"组并创建矩形

第 59 步：使用【文字工具】▣新建文字图层，输入版块标题"友情链接"，填充颜色 "#444444"，如图 4-64 所示。

图 4-64　创建标题

第 60 步：在文件夹组"友情链接"中创建子文件夹组，命名为"链接 1"，在组内用 【矩形工具】▣和【直线工具】▨创建文本框和下拉按钮；并且使用【文字工具】▣新建 文字图层，输入链接文本内容，填充颜色"#5f5f5f"，效果如图 4-65 所示。

图 4-65　新建"链接 1"组并创建文本框和下拉按钮

第 61 步：按照上述方法，将剩余链接组制作完成，如图 4-66 所示。

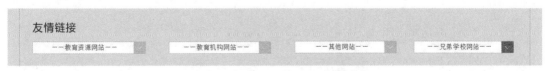

图 4-66　完成"友情链接"组的制作

第 62 步：创建一个新的文件夹组，命名为"分割线"，在组内用【矩形工具】▣创建宽度 148 像素、高度 4 像素的矩形；移动复制该矩形，并且填充不同色彩，最后效果如图4-67 所示。

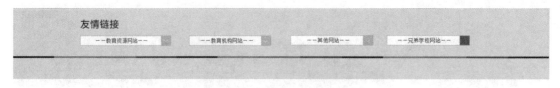

图 4-67　制作彩色分割线

第 63 步：创建一个新的文件夹组，命名为"底部"，在组内用【矩形工具】▣创建宽度 1920 像素、高度 46 像素的矩形，填充颜色"#232323"，并将矩形置于画面底部，如图4-68 所示。

图 4-68　新建"底部"组并创建矩形

第 64 步：使用【文字工具】Ｔ新建文字图层，制作版权信息的文本内容，如图 4-69所示。

图 4-69　制作版权信息的文本内容

第 65 步：界面最终完成效果如图 4-70 所示。

图 4-70　页面完成效果

通过本次任务对校园网站首页设计的学习，学习者可以对校园类网站的概念、功能、设计原则及色彩搭配原则有初步了解，并且通过实践操作对校园类网站界面的设计表现方法有进一步认知。

根据所学知识，自行设计一款校园网站首页界面，要求布局合理、色彩协调、风格简洁活泼，符合校园类网站的要求。

项目五 数据可视化界面设计

随着大数据产业的蓬勃发展，很多企业都开始应用数据可视化。智慧城市、智慧交通、智慧医疗、智慧农村、智慧民政等越来越多的行业都有了可视化的需求，可视化行业也迎来了迅速发展的成长期。通过企业智能运营管理平台的界面设计，学习数据可视化设计相关知识，在任务实现过程中：

- 了解数据可视化的相关概念。
- 数据可视化设计原则。
- 数据可视化图表类型。
- 通过实践掌握数据可视化的设计表现方法。

在项目实战中培养学生自主、合作、探究的学习方式，鼓励学生在完成自己任务的同时，与其他同学积极交流、互助、友爱、团结，建立良好的同学关系，对同学提出的意见或建议进行思考和探究。在进行作品设计的过程中，谨记不能抄袭他人作品的同时，树立保护自己作品的版权意识。通过作品传播正能量，树立文化自信、专业自信。

【情景导入】

对于经常需要通过分析数据梳理逻辑的人来说，数据可视化是一项非常实用高效的分析方法。通过可视化的方式，复杂的数据用图形化的手段进行有效表达，可以准确高效、直观全面地传递某种信息，有助于人们快速发现数据背后的规律和特征，找到原因，挖掘数据背后的价值。

【效果展示】

本次任务主要是实现企业智能运营管理平台的数据可视化界面设计，界面布局如图5-1 所示，完成效果如图 5-2 所示。

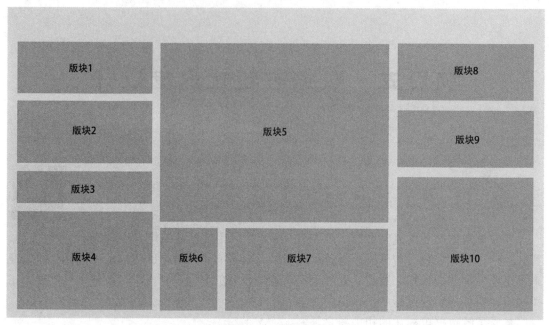

图 5-1 框架图

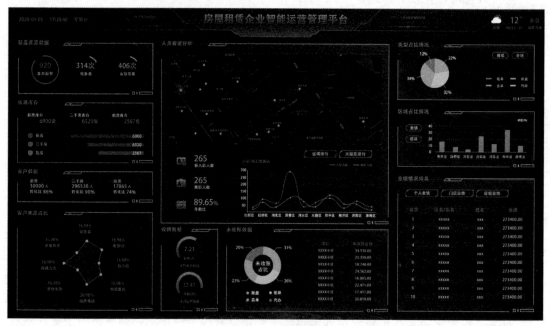

图 5-2 效果图

技能点 1　数据可视化概述

随着数据科学的大力发展，数据爆炸已成为信息科学领域所面临的巨大挑战，庞杂的数据信息让人们倍感烦琐，理解成本增高。为了使数据、信息以及数据之间的关系能够更加直观地显现出来，就需要把数据变为具象。相较于单纯的数字，图形形式可以让人更方便观察到数据的分布、趋势、关系，以及异常点，从而帮助人们快速做出决策。

数据可视化就是将数据（如表 5-1 所示）转换成具象的直观、易读、易操作的图或表等（如图 5-3 所示），以一种简洁明了、通俗易懂的方式展现和呈现数据。从本质上来说，任何能够借助于图形的方式展示事物原理、规律、逻辑的方法都叫数据可视化。

表 5-1　数据示例表

	数据 1	数据 2	数据 3	数据 4	数据 5	数据 6	数据 7	数据 8
A	10	15	8	20	17	13	16	21
B	20	26	18	30	14	18	20	22

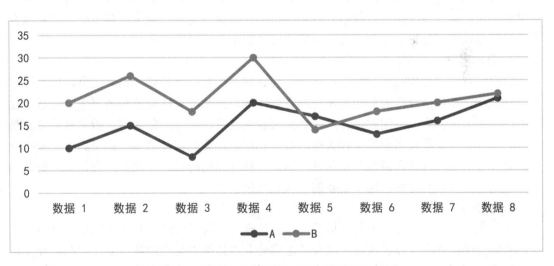

图 5-3　折线图（数据可视化图表类型的一种）

关于可视化的发展史可追溯至 19 世纪上半叶，这个时期可以说是数据制图的黄金时期，统计图形、概念图等迅猛发展，此时人们已经掌握整套统计数据可视化工具，包括直方图、柱状图、饼图、折线图、时间线、轮廓线等。

1854 年，伦敦西部西敏市苏活区暴发霍乱，当时的人们对于为什么会患病、霍乱如何传播、该怎样治疗都是一头雾水，医生约翰·斯诺（John Snow）受政府委托，被派往疫区调查疫情，他创造性地把数据与地图结合在一起，使用散点在地图上标注了伦敦的霍乱发病案例，发现贫民聚集的东区霍乱发病率远比富人住的西区多得多，而死亡的人大多都集中在了东区百老大街的附近，之所以如此恰巧是因为附近的人都使用了百老大街水泵的水，而这里的水显然被某种物质污染了。约翰·斯诺绘制的这张地图结合他调研的数据，为证明霍乱是经由受污染的水源传播提供了足够的证据，可以判断出百老大街的抽水泵污染是疫情暴发的根源。随即约翰·斯诺医生推荐了几种切实可行的预防措施，如拆除抽水泵、清洗肮脏的水管等。到了 20 世纪 90 年代初人们发起了一个称为"信息可视化"的研究领域，旨在为许多应用领域（科学、商业、行政、财务、数字媒体）之中对于抽象的异质性数据集的分析工作提供支持，与"科学可视化"交叉形成了现今耳熟能详的"数据可视化"，此时这个词汇才慢慢地被更多的专业领域的人所接受，并在之后互联网的不断发展中扩充着自己的分支。

技能点 2　数据可视化设计原则

数据可视化是一种信息交流形式，它以图形形式呈现信息，最终的视觉效果旨在简化数据，并使用数据帮助用户决策。数据可视化是科学与艺术的结合，除了图表视觉设计之外，还需要对商业行为和数据背后存在的价值进行准确的发掘和呈现。市面中的很多数据可视化成品都存在一定的局限性，有些只具有炫丽美观的图表但实质上没有体现出任何有意义的问题和解决方案；还有些虽然具备高价值的数据信息，但由于呈现方式不够精准合理，导致难以深入分析。因此，数据可视化设计原则包括以下几点。

1. 目标明确

数据可视化的目的在于帮助发现问题、解决问题，挖掘有价值的商业信息，如可以用于跟踪性能、监控用户行为和测量流程的有效性等。在脱离实际业务的情况下，进行可视化处理就失去了其意义。因此，在进行数据可视化之前，要弄清楚数据分析的目的究竟是什么？计划通过数据向用户提供什么样的服务？在可视化之后，这些数据又表现了哪些问题，对今后的工作有什么帮助？在项目开始前，花时间明确目的和优先级会让最终的结果更有用，并防止浪费时间创建不必要的可视化效果。

2. 了解受众

如果数据可视化不是为了与目标受众进行清晰沟通而设计的，那么它就是无用的。可视化应该与受众的专业知识兼容，需要考虑到受众对数据中提出的基本原理的熟悉程度，以及他们是否理解这些可视化的主要背景，最后才能确定这些图表是否会经常使用等。

3. 简洁美观

数据可视化是一门艺术与科学相结合的学科，作为一个商业可视化作品，对艺术的追求要适可而止，商业数据分析的本质不在于追求艺术表现力，不需要把视觉效果做得多么眼花缭乱，而是提供有效的商业价值并能快速让人理解。酷炫、花哨、浮夸的修饰并不会给图表带来任何附加值，反而会增加受众的阅读负担。所以在进行数据可视化设计时，要把非数据信息类的元素剔除，重点保留所想展示的数据信息。

技能点 3　数据可视化图表类型

数据可视化将数据库中每一个数据项作为单个图元元素表示，大量的数据集构成数据图像，同时将数据的各个属性值以多维数据的形式表示，可以从不同的维度观察数据，从而对数据进行更深入的观察和分析。数据可视化有很多既定的图表类型，不同的数据类型要选择适合的展现方法，下面将分别介绍几种常用的可视化图表类型。

1. 柱状图

柱状图适用二维数据集，使用垂直或水平的柱子显示类别之间的数值比较，是一种以长方形的长度为变量的统计图表，有且只有一个维度的变量需要比较，其中一个轴表示需要对比的分类维度，另一个轴代表相应的数值。柱状图适用的范围比较局限，只适合中小规模的数据集，一般不超过 10 个，如图 5-4 所示。

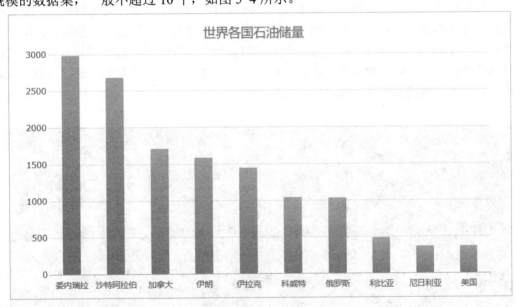

图 5-4　柱状图

2. 条形图

条形图对比柱状图，看上去虽然只是 x 轴与 y 轴交换，数据种类较为类似，但不同的是，条形图所能承载的项目数量相对于柱状图而言更多，由于其优良的纵向延展性，一般用于手机端较多，比如当条目数大于 12 时，就适合用条形图，而且从上到下的阅读方式符合人眼阅读习惯，所以会经常用于排行榜的设计中，如图 5-5 所示。

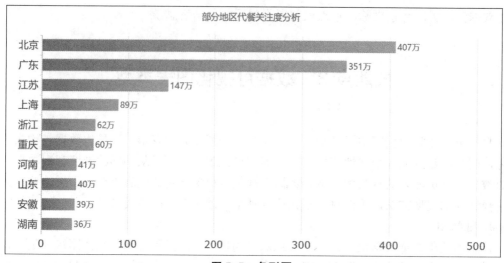

图 5-5　条形图

3. 折线图和面积图

折线图适合二维的大数据集，用于反映事物随时间或有序类别而变化的趋势。要绘制折线图，先在笛卡儿坐标上定出数据点，然后用直线把这些点连接起来。通常 y 轴用于定量数值，而 x 轴则是分类或顺序刻度。负值可以显示在 x 轴下方。使用建议：y 轴刻度值选择要合理，当前显示的数据波动要最大化的显示；显示数据尽量大于 3 条，否则不能够清晰地反映出数据随时间变化的趋势，如图 5-6 所示。

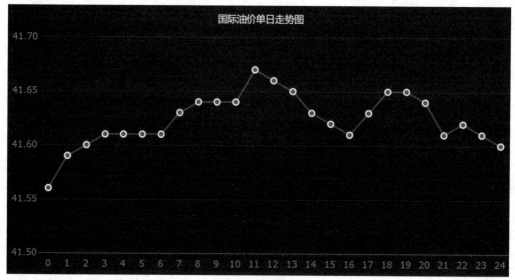

图 5-6　折线图

面积图在折线图基础上而形成，颜色填充后能更好地突出趋势信息。填充色设置了一定的透明度，可以更好地帮助用户观察各数据的重叠关系，如图 5-7 所示。

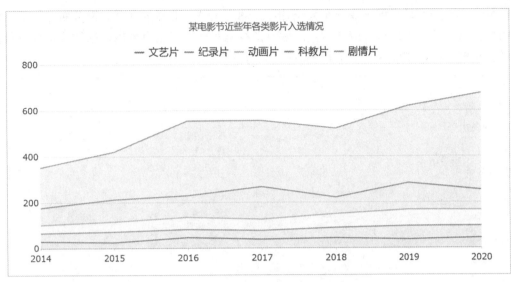

图 5-7　面积图

4. 饼图

饼图用于表示不同分类的占比情况，通过不同的扇面大小来对比各种分类。饼图通过将一个圆饼按照分类的占比划分成多个区块，整个圆饼代表数据的总量，每个区块表示该分类占总体的比例大小，所有区块相加的总和等于 100%，如图 5-8 所示。

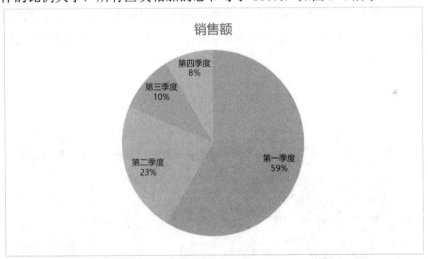

图 5-8　饼图

5. 散点图和气泡图

散点图也叫 x-y 图，常用于展现数据的分布情况。它将所有的数据以点的形式展现在直角坐系（x 轴、y 轴）上，以显示变量之间的相互影响程度，点的位置由变量的数值决定。通过观察散点图上数据点的分布情况可以推断出变量间的相关性：如果变量之间不存在相互关系，那么在散点图上就会表现为随机分布的离散的点；如果存在关联性，那么大部分的数据点就会相对密集并以某种趋势呈现。

数据之间的相互关系主要分为正相关（两个变量值同时增长）、负相关（一个变量呈现增长分布另一个变量呈现下降分布)、不相关、线性相关、指数相关等。而分布在集群点较远的数据点，被称为离群点或异常点。散点图经常与回归线结合使用，归纳分析现有数据以进行预测分析，如图 5-9 所示。

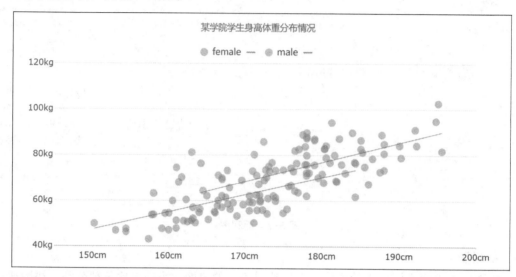

图 5-9　散点图

气泡图是一种多变量的统计图表，可以看作散点图的变形。它由直角坐标系和大小不一的圆组成，可用于展示三个变量之间的关系，绘制时将一个变量放在 x 轴，另一个变量放在 y 轴，而第三个变量则用气泡的大小来表示，通常用于展示和比较数据之间的关系和分布，如图 5-10 所示。

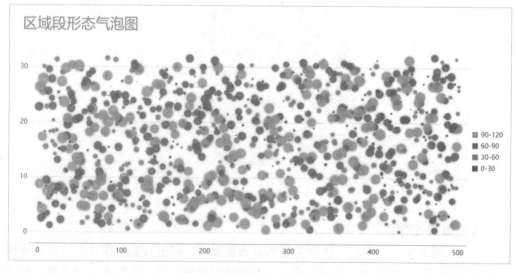

图 5-10　气泡图

6. 地图

地图常用于显示地理区域上的数据。使用地图作为背景，通过图形的位置来表现数据的地理位置，通常来展示数据在不同地理区域上的分布情况。

7. 雷达图

雷达图是一种显示多变量数据的图形方法。通常从同一中心点开始等角度间隔地射出 3 个以上的轴，每个轴代表一个定量变量。可以用来在变量间进行对比，或者查看变量中有没有异常值，如图 5-11 所示。

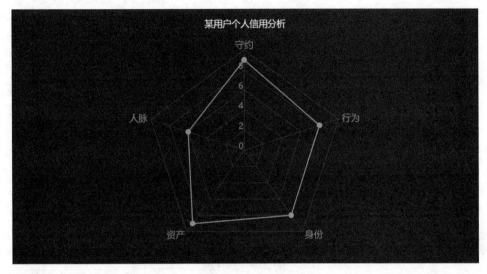

图 5-11　雷达图

8. 矩形树图

矩形树图是一个由不同大小的嵌套式矩形来显示树状结构数据的统计图表。在矩形树图中，父子层级由矩形的嵌套表示。在同一层级中，矩形依次无间隙排布，它们的面积之和代表了整体的大小，如图 5-12 所示。

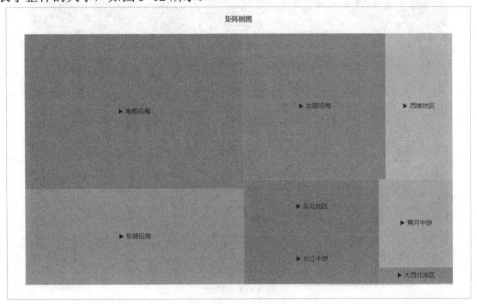

图 5-12　矩形树图

9. 漏斗图

漏斗图形似漏斗，用梯形面积表示某个环节业务量与上一个环节之间的差异。业务流程比较规范、周期长、环节多的单流程单向分析，可以直观地显示转化率和流失率，如图5-13 所示。

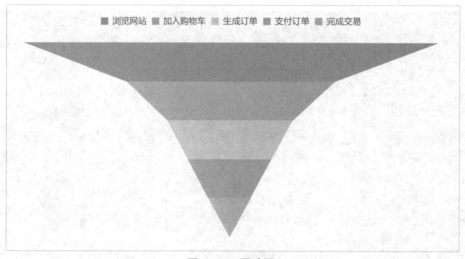

图 5-13　漏斗图

10. 词云

展现文本信息，对出现频率较高的"关键词"予以视觉上的突出，比如用户画像单标签。适合在大量文本中提取关键词，如图5-14 所示。

图 5-14　词云

11. 仪表盘

仪表盘作为一种拟物化的图表形式，可直观地表现出某个指标的进度或实际情况，刻度表示度量，指针表示维度，指针角度表示数值，常用于管理报表或报告的数据呈现。拟物化的展示方式使数据变得更加人性化，正确使用有助于提升用户体验，如图 5-15 所示。

图 5-15　仪表盘

根据所学习的数据可视化设计相关知识，实现图 5-2 所示的界面效果。

第 1 步：打开 Photoshop 软件，单击【文件】→【新建】命令或按 Ctrl+N 快捷键新建画布，点击【Web】选择"网页-大尺寸"画布，设置文档名称为"房屋租赁企业智能运营管理平台"，勾选"画板"选项，"分辨率"150 像素/英寸，"颜色模式"RGB 颜色，"背景内容"为白色，如图 5-16 所示。

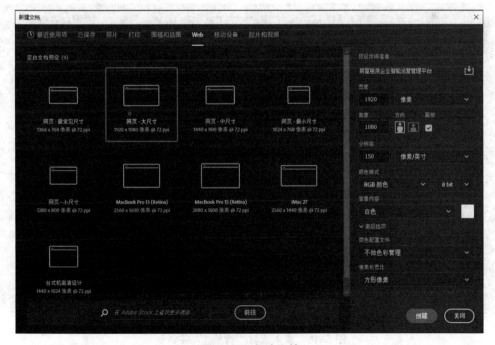

图 5-16　新建文档

第 2 步：在画板内新建一个文件夹组，命名为"背景"；创建"图层 1"，填充颜色"#000c2e"，如图 5-17 所示。

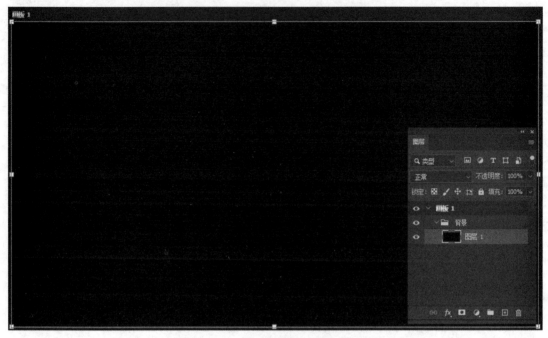

图 5-17　新建文件夹组并创建图层

第 3 步：置入素材"背景 1"，放置在画面底部水平居中位置，设置图层【混合模式】为"滤色"，图层"不透明度"调整为 40%，如图 5-18 所示。

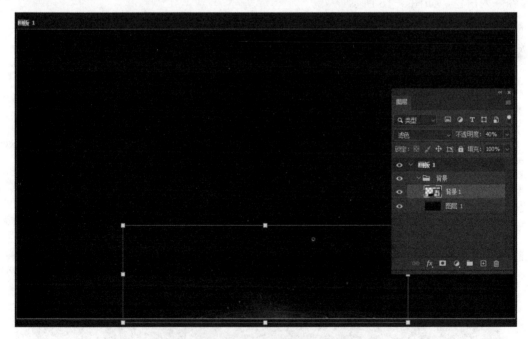

图 5-18　置入素材"背景 1"并调整

第 4 步：保持"背景 1"图层的选中状态，单击【添加图层蒙版】■按钮，为图层添加蒙版，使用"硬度"为 0%的黑色柔边画笔在蒙版中抹除多余部分，如图 5-19 所示。

图 5-19　为"背景 1"添加图层蒙版并调整

第 5 步：置入素材"背景 2"，放置在画面顶部水平居中位置，设置图层【混合模式】为"颜色减淡"，图层"不透明度"调整为 40%，如图 5-20 所示。

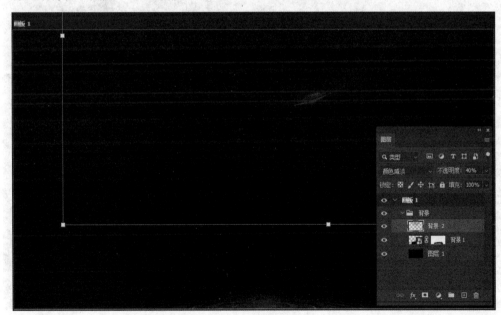

图 5-20　置入素材"背景 2"并调整

第 6 步：保持"背景 2"图层的选中状态，单击【添加图层蒙版】■按钮，为图层添加蒙版，使用"硬度"为 0%的黑色柔边画笔在蒙版中抹除多余部分，如图 5-21 所示。

图 5-21 为"背景 2"添加图层蒙版并调整

第 7 步：新建空白图层，使用"硬度" 0%、"不透明度" 50%的白色柔边画笔在画面中涂抹，如图 5-22 所示；设置图层【混合模式】为"叠加"，如图 5-23 所示。

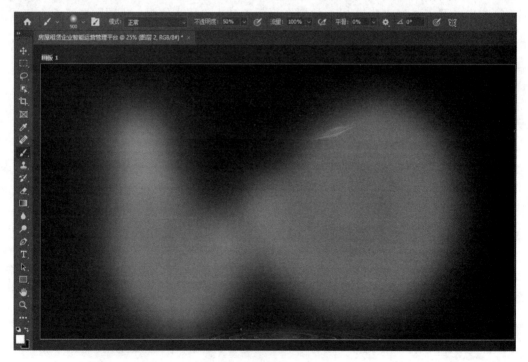

图 5-22 用画笔涂抹图层

图 5-23　设置图层混合模式

第 8 步：创建文件夹命名为"标题"，在组内用【矩形工具】 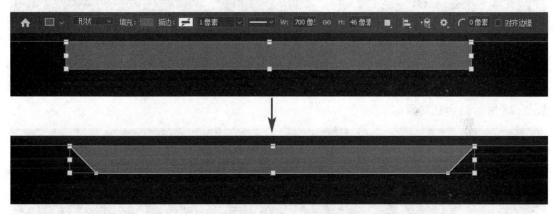创建一个宽 750 像素、高 50 像素的矩形置于画面顶部，执行【自由变换】命令的快捷键 Ctrl+T，点击鼠标右键选择"透视"命令，调整矩形形状，如图 5-24。

图 5-24　创建矩形

第 9 步：根据上一步的制作思路，再创建 3 个矩形并调整其形状，将这些矩形一起选中，执行【水平居中对齐】 命令，如图 5-25。

图 5-25　重复创建矩形

第 10 步：将 4 个形变后矩形同时选中，并执行快捷键 Ctrl+E 进行合并，设置复合形状颜色 "#079fa8"，如图 5-26。

图 5-26　合并图形

第 11 步：保持复合形状图层的选中状态，单击【添加图层蒙版】 ▣ 按钮，为图层添加蒙版，使用【渐变工具】 ▣ 在蒙版中复合形状的范围内，执行由上至下的黑白线性渐变，此时透明度的渐变效果如图 5-27 所示。

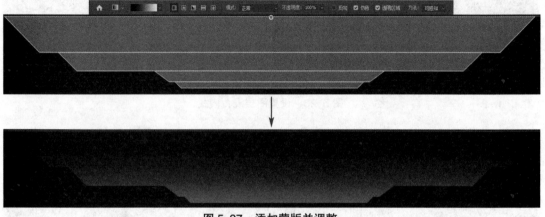

图 5-27　添加蒙版并调整

第 12 步：在"标题"文件夹下创建子文件夹并命名为"左边"，点击【钢笔工具】 ✐ ，选择工具模式为"形状"，设置"填充"为无，"描边宽度"1 像素，设置好参数后创建如图 5-28 所示的形状对象。

图 5-28　用钢笔工具绘制线条

第 13 步：双击该图层打开【图层样式】面板，添加【渐变叠加】效果，"角度"0 度，"样式"线性，渐变色标从左到右依次为"#34dcfc""#187bce"，效果如图 5-29 所示。

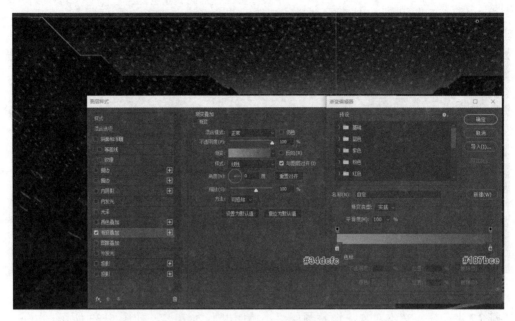

图 5-29　添加【渐变叠加】效果

第 14 步：根据上面两步的制作思路，再使用【钢笔工具】创建 2 个形状对象，并设置相同的渐变效果，效果如图 5-30 所示。

图 5-30　再次绘制 2 个线条对象

第 15 步：拷贝"左边"文件夹，修改其名称为"右边"，选择该文件夹，执行快捷键 Ctrl+T 激活【自由变换】命令，点击鼠标右键选择"水平翻转"命令并调整其水平位置，然后逐一修改拷贝文件夹中所有图层的【渐变叠加】效果，将"角度"参数改为 180 度，如图 5-31 所示。

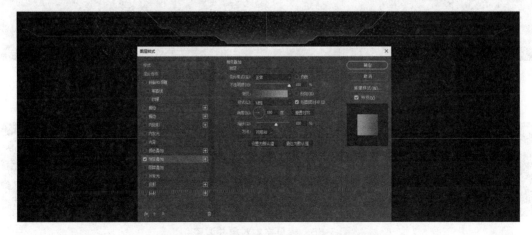

图 5-31　拷贝"左边"文件夹并调整副本

第 16 步：在"标题"文件夹下创建子文件夹并命名为"装饰左"，使用【文字工具】 创建文本对象，填充颜色"#ffffff"，设置图层"不透明度"为 20%，如图 5-32 所示。

图 5-32　创建"装饰左"文本对象

第 17 步：拷贝文本对象，调整图层"不透明度"为 70%，如图 5-33 所示。

图 5-33　拷贝文本对象并调整

第 18 步：使用【文字工具】创建文本对象，填充颜色"#ffffff"，设置图层"不透明度"为 15%，如图 5-34 所示。

图 5-34　创建文本对象并调整

第 19 步：拷贝文本对象，调整图层"不透明度"为 60%，如图 5-35 所示。

图 5-35　拷贝文本对象并调整

第 20 步：选择"装饰左"文件夹，为文件夹添加【图层蒙版】  ，在蒙版中使用黑色柔边画笔进行涂抹，制作文件夹对象透明度的变化效果，如图 5-36 所示。

图 5-36　在蒙版中使用画笔涂抹

第 21 步：双击文件夹打开【图层样式】面板，添加【渐变叠加】效果，"角度"-20度，"样式"线性，渐变色标从左到右依次为"#6589ff""#71d2ff""#72fcca"，效果如图5-37 所示。

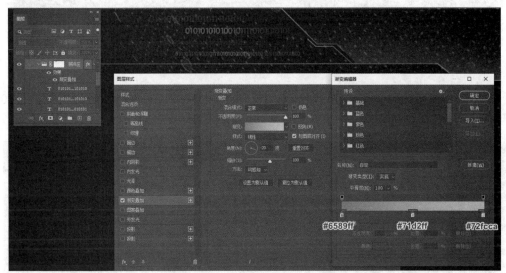

图 5-37　添加【渐变叠加】效果

第 22 步：拷贝"装饰左"文件夹，修改其名称为"装饰右"，选择该文件夹，执行快捷键 Ctrl+T 激活【自由变换】命令，点击鼠标右键选择"水平翻转"命令并调整其水平位置，如图 5-38 所示。

图 5-38　拷贝"装饰左"文件夹并调整副本

第 23 步：在"标题"文字夹下使用【文字工具】 T 创建文本对象，双击文本图层打开【图层样式】面板，添加【渐变叠加】效果，"角度"90 度，"样式"线性，渐变色标从左到右依次为"#2327d2""#05dcf8"，效果如图 5-39 所示。

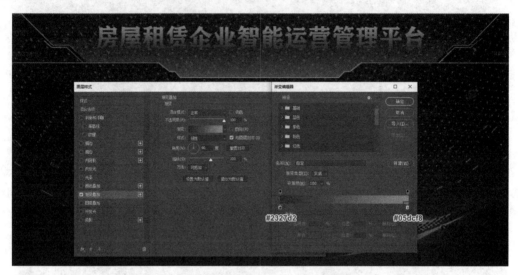

图 5-39　创建文本对象并调整

第 25 步：继续为图层添加【投影】效果，"混合模式"正常，填充颜色"#001140"，"不透明度"100%，"角度"135 度，"距离"4 像素，"大小"2 像素，如图 5-40 所示。

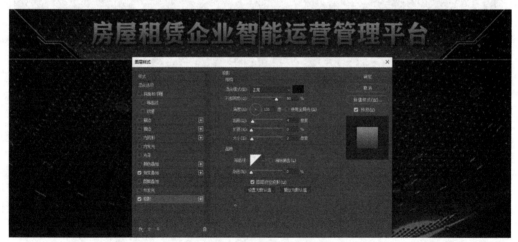

图 5-40　添加【投影】效果

第 26 步：在"标题"文件夹下创建新的子文件夹组，将其命名为"辅助性文字"，使用【文字工具】 T 创建文本对象并放置在文档的左上角，填充颜色"#2aa7d3"；导入素材"天气图标"放置在文档的右上角，然后使用【文字工具】 T 创建文本对象，填充颜色"#2aa7d3"，效果如图 5-41 所示。

图 5-41　创建"辅助性文字"文本对象

第 27 步：在图层面板中创建新的文件夹组，将其命名为"新盘资源"，在文件夹下创建名为"模块背景"的子文件夹组，在组内用【矩形工具】■创建宽度 482 像素、高度 174 像素的矩形，填充颜色"#448be6"，如图 5-42 所示。

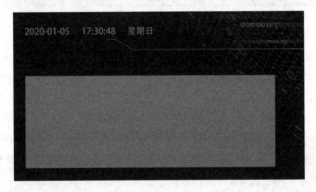

图 5-42　"模块背景"组内创建矩形

第 28 步：设置矩形图层的"填充"为 8%，双击图层打开【图层样式】面板，添加【内发光】效果，"混合模式"滤色，"不透明度"20％，填充颜色"#448be6"，"阻塞"0％，"大小"46 像素，如图 5-43 所示。

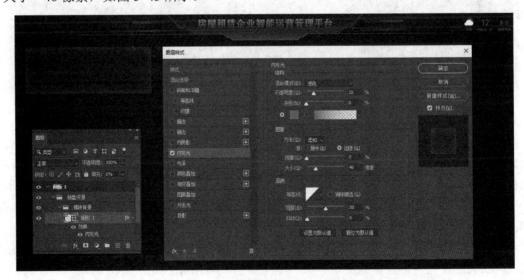

图 5-43　添加【内发光】效果

第 29 步：在"模块背景"文件夹中使用【矩形工具】▣和【钢笔工具】✐并结合【自由变换】命令绘制边框装饰效果，使用【文字工具】Ｔ创建版块标题，填充颜色"#34dcfc"，效果如图 5-44 所示。

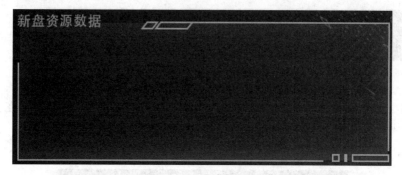

图 5-44　绘制边框装饰效果

第 30 步：在"新盘资源"文件夹下创建名为"环形图 1"的子文件夹组，使用【椭圆工具】◉创建一个宽度和高度都为 92 像素的正圆，设置该图层的"填充"为 0%，并为它添加【图层样式】中的【描边】效果，描边"大小"4 像素，"位置"外部，"混合模式"滤色，"不透明度"20%，描边颜色"#0d358d"，效果如图 5-45 所示。

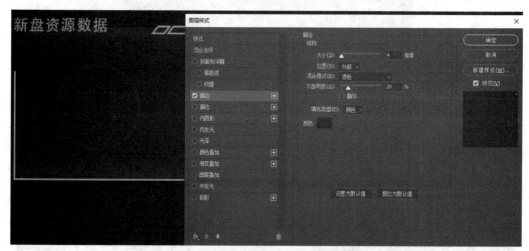

图 5-45　创建正圆并添加【描边】效果

第 31 步：复制上一步创建的正圆，修改【图层样式】中【描边】效果的"混合模式"为正常，"不透明度"100%，描边颜色"e73851"；选择该图层点击鼠标右键，执行【栅格化图层样式】命令，然后使用【橡皮擦工具】✐抹除多余部分，完成效果如图 5-46 所示。

第 32 步：根据上两步的设计思路，制作其余两个饼状图，红色圆环颜色分别修改为"#d1b55d"和"#80c9c2"，效果如图 5-47 所示。

第 33 步：使用【文字工具】Ｔ创建数字文本对象，分别填充颜色"#e73851""#d1b55d"和"#80c9c2"；接着创建标题文本对象，填充颜色"#ffffff"，如图 5-48 所示。

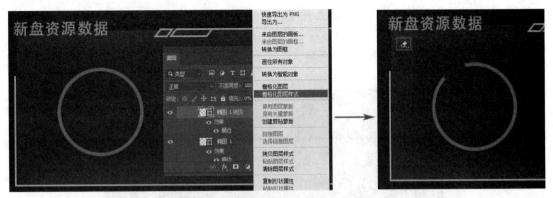

图 5-46　复制圆并修改【描边】效果

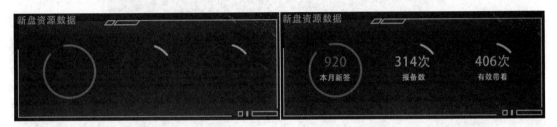

图 5-47　制作其余两个饼状图　　　　图 5-48　创建数字文本

第 34 步：在图层面板中创建新的文件夹组，将其命名为"房源库存"，在文件夹下创建名为"模块背景"的子文件夹组，在组内用【矩形工具】■创建宽度 482 像素、高度 204 像素的矩形，按照"新盘资源"文件夹中"模块背景"子文件夹组的设计思路制作相同效果，并与"新盘资源"文件夹在垂直方向对齐，如图 5-49 所示。

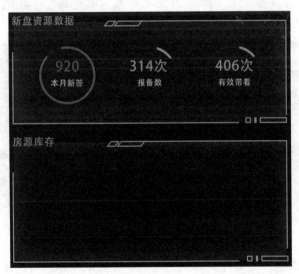

图 5-49　制作"房源库存"组的模块背景

第 35 步：在文件夹"房源库存"下创建名为"数据"的子文件夹组，用【矩形工具】■创建宽度 134 像素、高度 54 像素、填充颜色"#0a2043"的矩形，设置矩形图层的"填充"为 20%；使用【图层样式】为其添加【内发光】效果，"混合模式"滤色，"不透明度"
28％，填充颜色"#101d9c"，"阻塞" 0％，"大小" 16 像素；继续添加【描边】效果，描
边"大小" 2 像素，"位置"居中，"混合模式"正常，"不透明度" 30％，描边颜色"#2451c0"，
如图 5-50 所示。

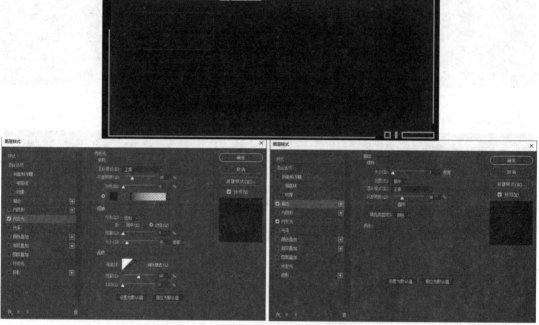

图 5-50　创建矩形并添加图层样式

第 36 步：使用【文字工具】T创建文本对象，填充颜色"#ffffff"，然后创建数字文
本对象，填充颜色"#04cbfd"，如图 5-51 所示。

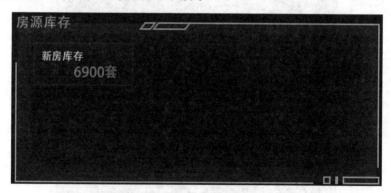

图 5-51　在"房源库存"组下创建文本

第 37 步：将"数据"子文件夹组复制两次，并修改文本内容，效果如图 5-52 所示。

图 5-52 复制"数据"组并修改文本

第 38 步：在文件夹"房源库存"下创建名为"图表"的子文件夹组，置入素材"盾牌"，并复制两个拷贝对象，使用【图层样式】为 3 个图形添加【颜色叠加】效果，分别设置填充颜色"#ec2c26""#ea4e26"和"#ea6e27"，如图 5-53 所示。

图 5-53 置入素材"盾牌"并复制

第 39 步：使用【矩形工具】，创建 3 个大小相同的矩形，填充颜色"#ffffff"，并修改矩形图层的"不透明度"为 5%，如图 5-54 所示。

图 5-54 创建 3 个大小相同的矩形

第 40 步：复制上一步创建的 3 个矩形，修改矩形图层的"不透明度"为 60%，分别设置填充颜色"#ec2c26""#ea4e26"和"#ea6e27"，接着依次调整矩形长度，效果如图 5-55 所示。

图 5-55　复制矩形并调整

第 41 步：使用【文字工具】 T 创建文本对象，填充颜色"#ffffff"，如图 5-56 所示。

图 5-56　在矩形内创建文本

第 42 步：在图层面板中创建新的文件夹组，将其命名为"客户数据"，在文件夹下创建名为"模块背景"的子文件夹组，在组内用【矩形工具】 ■ 创建宽度 482 像素、高度 102 像素的矩形，按照"新盘资源"文件夹中"模块背景"子文件夹组的设计思路制作相同效果，并与"新盘资源"和"房源库存"文件夹在垂直方向对齐，如图 5-57 所示。

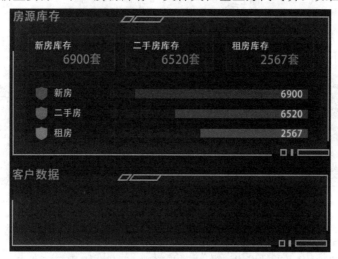

图 5-57　制作"客户数据"组的模块背景

第 43 步：在文件夹"客户数据"下创建名为"数据"的子文件夹组，用【矩形工具】 ■ 创建宽度 138 像素、高度 70 像素、填充颜色"#0e368e"的矩形，设置矩形图层的"不透明度"为30%，然后将矩形拷贝两次；使用【文字工具】创建文字对象，文本对象填充颜色"#ffffff"，数字文本对象填充颜色"#f8b62d"，如图5-58所示。

图5-58　制作"数据"子文件夹组

第44步：在图层面板中创建新的文件夹组，将其命名为"客户来源占比"，在文件夹下创建名为"模块背景"的子文件夹组，在组内用【矩形工具】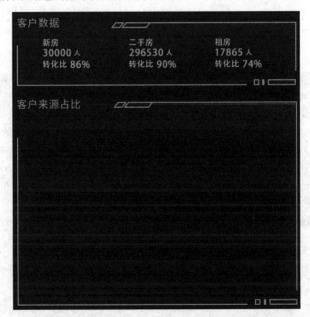创建宽度482像素、高度340像素的矩形，按照"新盘资源"文件夹中"模块背景"子文件夹组的设计思路制作相同效果，并与前面创建的版块在垂直方向对齐，如图5-59所示。

图5-59　制作"客户来源占比"组的模块背景

第45步：在文件夹"客户来源占比"下创建名为"客户占比"的子文件夹组，使用【椭圆工具】创建3个同心圆，设置圆的填充颜色为无，描边颜色"#13385c"，"描边宽度"1像素，如图5-60所示。

图 5-60　创建同心圆

第 46 步：使用【钢笔工具】创建不规则多边形形状，设置形状填充颜色"177fc4"，描边颜色"#f8b62d"，"描边宽度"1 像素，然后将形状图层的"填充"修改为 35%，如图 5-61 所示。

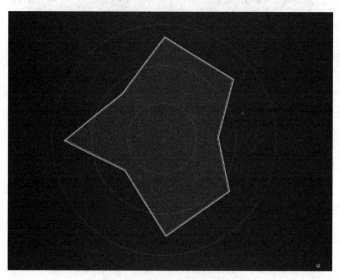

图 5-61　创建不规则多边形

第 47 步：使用【椭圆工具】创建多个大小相同的正圆，设置圆的填充颜色为"#f8b62d"，置于多边形的角点位置，如图 5-62 所示。

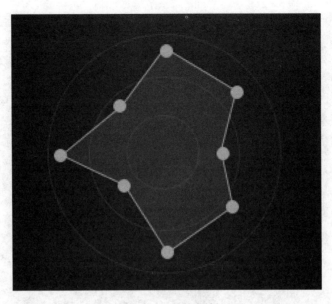

图 5-62 创建角点

第 48 步：在文件夹"客户来源占比"下创建名为"文字"的子文件夹组，使用【文字工具】■创建文字对象，文本填充颜色"#06b2f1"，如图 5-63 所示。

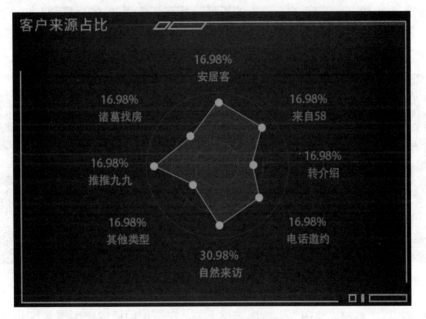

图 5-63 创建文字对象

第 49 步：在图层面板中创建新的文件夹组，将其命名为"人员数据"，在文件夹下创建名为"模块背景"的子文件夹组，在组内用【矩形工具】■创建宽度 812 像素、高度 610 像素的矩形，按照"新盘资源"文件夹中"模块背景"子文件夹组的设计思路制作相同效果，并与其在水平方向对齐，如图 5-64 所示。

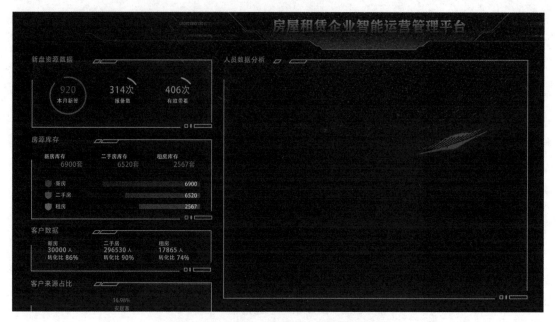

图 5-64　制作"人员数据"组的模块背景

第 50 步：在文件夹"人员数据"下创建名为"地图"的子文件夹组，用【矩形工具】
创建宽度 766 像素、高度 316 像素的矩形，填充颜色"#01001a"；双击矩形图层打开
【图层样式】面板，为其添加【描边】效果，描边"大小"1 像素，"位置"内部，"混合模
式"正常，"不透明度"20%，描边颜色"#52ffff"，如图 5-65 所示。

图 5-65　创建"地图"的矩形

第 51 步：置入素材"地图"于矩形图层上方，在图层面板中选中该素材并单击鼠标右
键，执行【创建剪贴蒙版】命令，将图层的【混合模式】设置为"滤色"，如图 5-66 所示。

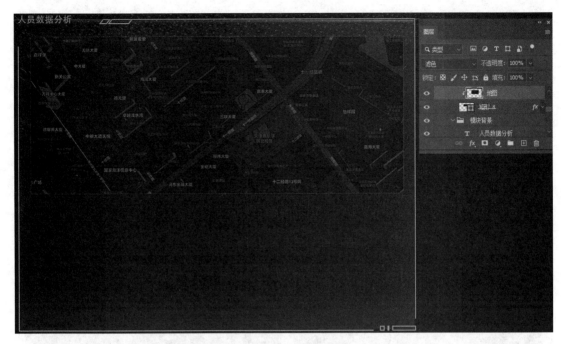

图 5-66　置入素材"地图"

第 52 步：在文件夹"地图"下创建名为"热力点"的子文件夹组，使用【椭圆工具】创建一个正圆，设置圆的填充颜色为"#52ffff"，图层的"不透明度"为 20%，再创建一个面积更小的同心圆，设置圆的填充颜色为"#52ffff"，图层的"不透明度"为 100%；将这一组同心圆执行多次复制粘贴，并按照图 5-67 所示分布在地图上。

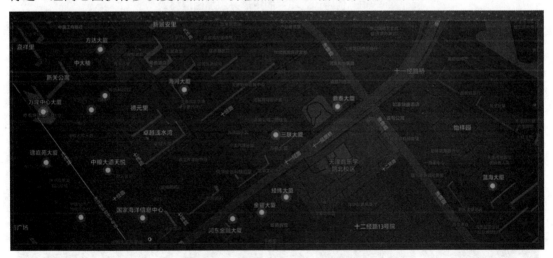

图 5-67　制作"热力点"子文件夹组

第 53 步：在文件夹"人员数据"下创建名为"入职"的子文件夹组，用【矩形工具】创建宽度 200 像素、高度 62 像素的矩形，填充颜色"#0a2043"，设置矩形图层的"填充"为 20%；双击矩形图层打开【图层样式】面板，为其添加【内发光】效果，"混合模式"正常，"不透明度"30%，填充颜色"#101d9c"，"阻塞"0%，"大小"16 像素；接着添加【描边】效果，描边颜色"#2451c0"，描边"大小"2 像素，"位置"居中，"不透明度"30%，如图 5-68 所示。

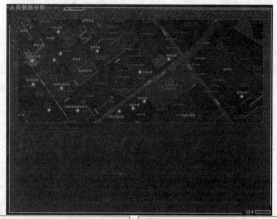

图 5-68　创建"入职"的矩形并添加图层样式

第 54 步：置入素材"入职"，双击图层打开【图层样式】面板，为其添加【渐变叠加】效果，"混合模式"正常，"角度"90 度，"样式"线性，渐变色标从左到右依次为"#006ae8""#03deff"，如图 5-69 所示。

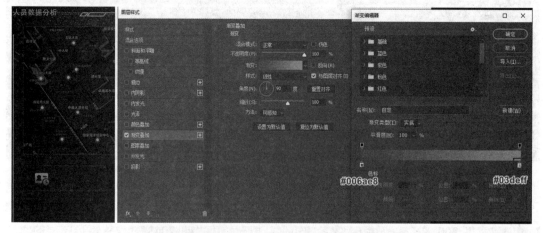

图 5-69　置入素材"入职"并添加【渐变叠加】效果

第 55 步：使用【文字工具】 T 创建文本对象，数字对象填充颜色"#f8b62d"，文字对象填充颜色"#ffffff"，如图 5-70 所示。

图 5-70　创建"入职"的文本对象

第 56 步：按照"入职"文件夹的设计思路在文件夹"人员数据"下分别制作名为"离职"和"考勤比"的子文件夹组，其中需用到的图片素材分别是"离职"和"考勤"，效果如图 5-71 所示。

图 5-71　制作"离职"和"考勤比"的子文件夹组

第 57 步：在文件夹"人员数据"下创建名为"折线图"的子文件夹组，置入素材"切换选项边框"，双击图层打开【图层样式】面板，为其添加【颜色叠加】效果，"混合模式"正常，叠加颜色"#da5118"；复制该图层，修改【颜色叠加】效果中的叠加颜色为"#2aaef2"，如图 5-72 所示。

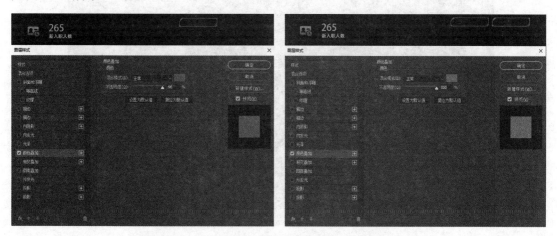

图 5-72　置入素材"切换选项边框"并添加图层样式

第 58 步：使用【文字工具】▣ 创建文本对象，填充颜色"#ffffff"，如图 5-73 所示。

图 5-73　创建文本对象

第 59 步：使用【文字工具】▣ 创建标题文本和标签文本对象，填充颜色"2aaef2"；使用【直线工具】▨ 创建两条相同的直线，分别设置描边颜色为"#da5118"和"#2aaef2"，"描边宽度"2 像素，如图 5-74 所示。

图 5-74　创建标题文本和标签文本

第 60 步：使用【直线工具】▨ 创建一条水平线和一条垂直线，设置填充颜色"#c6cccf"。"描边宽度"1 像素，如图 5-75 所示。

第 61 步：使用【直线工具】▨ 创建 6 条平行线，设置描边颜色为"#4d5b6b"；打开【描边】选项面板选择"更多选项"，勾选"虚线"复选项，设置"虚线"数值为 4，"间隙"数值为 4，点击【确认】按钮；设置"描边宽度"1 像素，图层"不透明度"为 50%，如图 5-76 所示。

图 5-75　创建水平线和垂直线

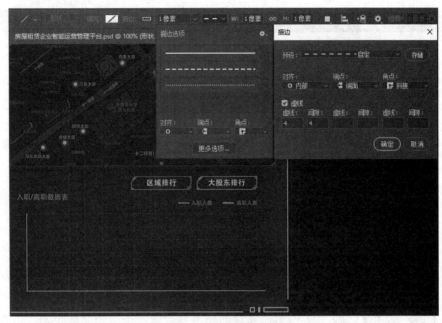

图 5-76　创建平行线

第 62 步：使用【文字工具】▣ 为数据类表添加文本对象，填充颜色"#ffffff"，如图 5-77 所示。

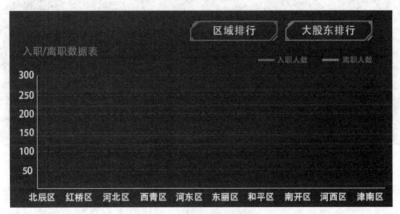

图 5-77　为数据表添加文本

第 63 步：使用【钢笔工具】⌀绘制 2 条曲线，描边颜色分别为"#da5118""#2aaef2"，"描边宽度"2 像素，如图 5-78 所示。

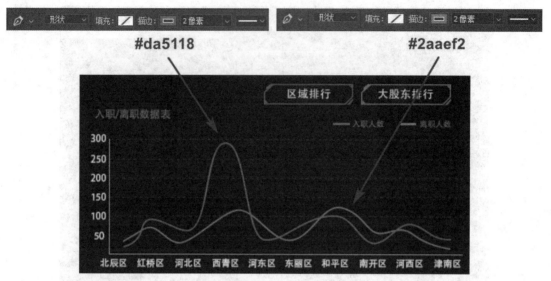

图 5-78　绘制曲线

第 64 步：使用【椭圆工具】◯在两条曲线上绘制多个大小相等的正圆，设置圆的填充颜色分别为"#da5118""#2aaef2"，再在这些圆上创建面积更小的同心圆，将圆的填充颜色统一设置为"#ffffff"，如图 5-79 所示。

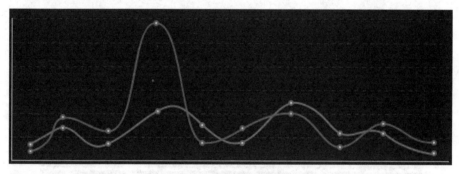

图 5-79　绘制同心圆

第 65 步：在图层面板中创建新的文件夹组，将其命名为"收佣数据"，在文件夹下创建名为"模块背景"的子文件夹组，在组内用【矩形工具】▢创建宽度 202 像素、高度 286 像素的矩形，按照上述其他模块背景的设计思路制作相同效果，并与"人员数据"文件夹组左对齐，如图 5-80 所示。

第 66 步：在文件夹"收佣数据"下创建名为"仪表盘 1"的子文件夹组，使用【椭圆工具】◯绘制一组同心圆，将两个图形同时选中，并执行快捷键 Ctrl+E 进行合并；接着使用【路径选择工具】�选中面积小的圆，在【路径操作】面板中选择【减去顶层形状】命令，结果如图 5-81 所示。

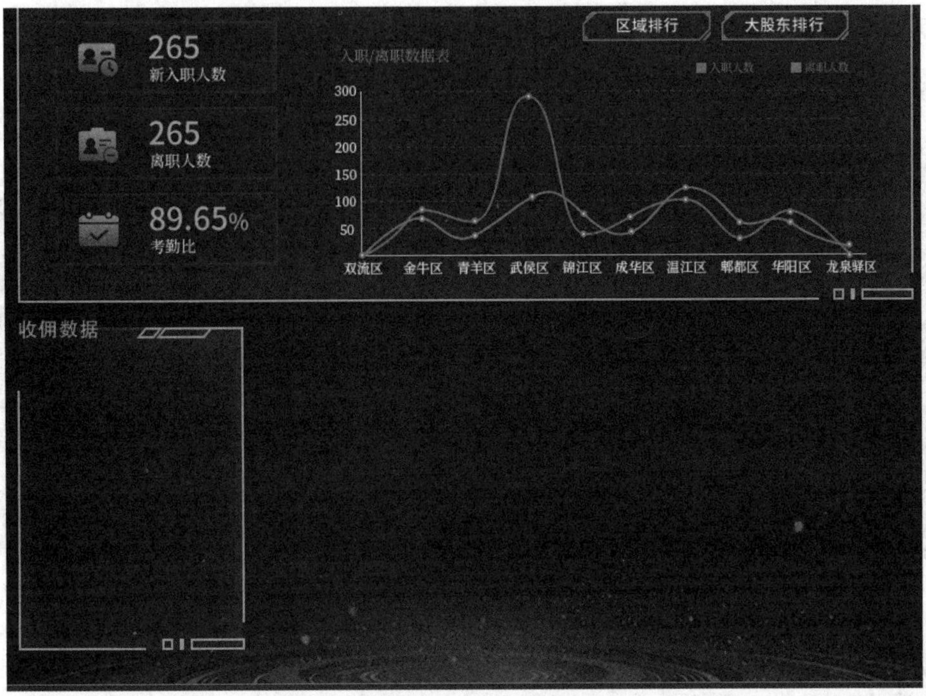

图 5-80　制作“收佣数据”组的模块背景

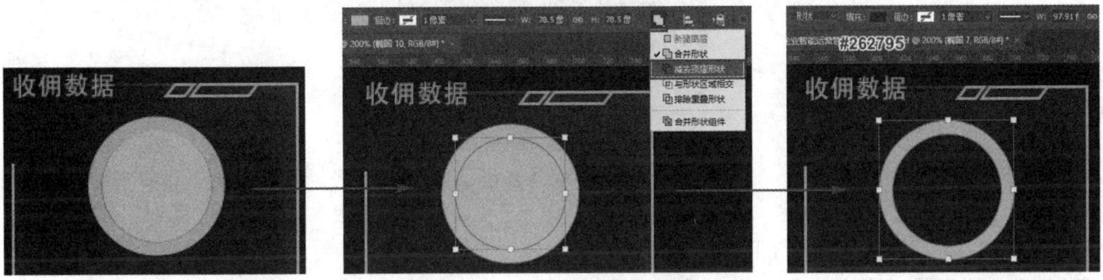

图 5-81　创建圆环图形

第 67 步：使用【矩形工具】创建一个颜色填充为“#262795”的正方形并旋转 45°，将该图形与上一步创建的圆环同时选中，进行【水平居中对齐】，并执行快捷键 Ctrl+E 进行合并；接着使用【路径选择工具】选中正方形，在【路径操作】面板中选择【减去顶层形状】命令，结果如图 5-82 所示。

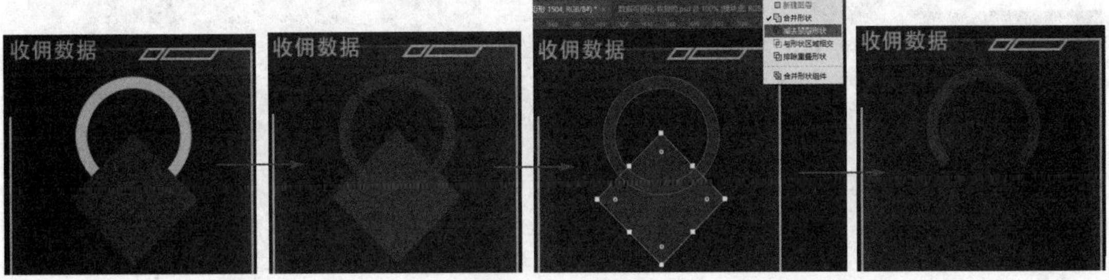

图 5-82　剪切圆环图形

第 68 步：使用【钢笔工具】创建一个多边形，双击该图层打开【图层样式】面板，添加【渐变叠加】效果，"角度"90 度，"样式"线性，渐变色标从左到右依次为"#1950ff""#69b2ff"，效果如图 5-83 所示。

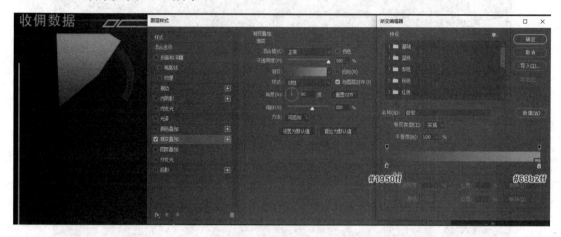

图 5-83　创建渐变图形

第 69 步：选择【钢笔工具】创建多边形图层，单击鼠标右键，执行【创建剪贴蒙版】命令，效果如图 5-84 所示。

图 5-84　创建剪贴蒙版

第 70 步：使用【矩形工具】创建一个圆角矩形，填充颜色"#08097e"，双击该图层打开【图层样式】面板，添加【描边】效果，描边颜色"#103286"，描边"大小"1 像素，"位置"内部；接着添加【内发光】效果，"混合模式"正常，"不透明度"100%，填充颜色"#172763"，"阻塞"0%，"大小"10 像素；使用【文字工具】添加标签文本，填充颜色"#00caff"；按照"仪表盘 1"文件夹组的设计思路制作"仪表盘 2"，效果如图 5-85 所示。

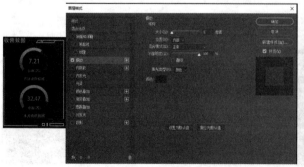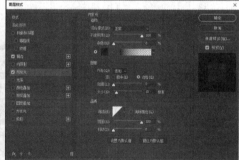

图 5-85　将两个"仪表盘"图形制作完成

第 71 步：在图层面板中创建新的文件夹组，将其命名为"未收账数据"，在文件夹下创建名为"模块背景"的子文件夹组，在组内用【矩形工具】■，创建宽度 574 像素、高度 286 像素的矩形，按照上述其他模块背景的设计思路制作相同效果，并与"人员数据"文件夹组右对齐，如图 5-86 所示。

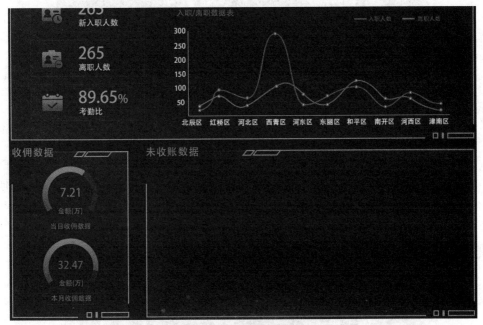

图 5-86　制作"未收账数据"组的模块背景

第 72 步：在文件夹"未收账数据"下创建名为"环形图 2"的子文件夹组，使用【椭圆工具】◎绘制一组同心圆；选择同心圆图层点击鼠标右键执行【栅格化图层】命令；使用【多边形套索工具】✈选择同心圆的局部执行【剪切】命令和【粘贴】命令，将同心圆拆分为 4 个部分；将剪切对象填充新的颜色，效果如图 5-87 所示。

图 5-87　创建同心圆并分割填充颜色

第 73 步：使用【钢笔工具】◎制作 4 条指示线，描边颜色"#ffffff"，"描边宽度"1 像素；使用【文字工具】T添加标题和标签文本，填充颜色"#ffffff"，使用【椭圆工具】◎绘制 4 个相同大小的圆作为分类图标并填充与环形图相对应的颜色，效果如图 5-88 所示。

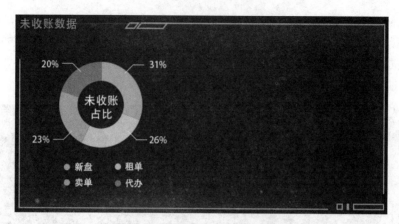

图 5-88　制作指示线并创建标签

第 74 步：在文件夹"未收账数据"下创建名为"数据列表"的子文件夹组，在组内用【矩形工具】 ▣ 创建 5 个相同大小的矩形，填充颜色"#ffffff"，调整图层"不透明度"为 6%，同时将这些矩形一起选中并执行【垂直居中分布】 ▣ ，效果如图 5-89 所示。

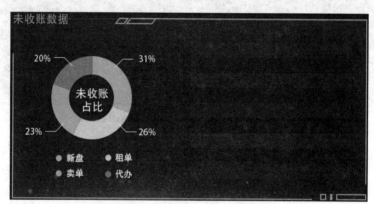

图 5-89　为"数据列表"创建矩形

第 75 步：使用【文字工具】 Ⓣ 添加标题文本，填充颜色"#06b2f1"，然后添加内容文本，填充颜色"#ffffff"，如图 5-90 所示。

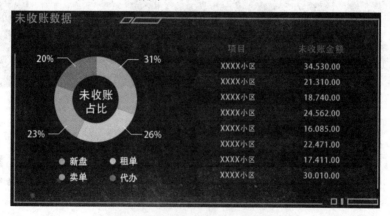

图 5-90　为"数据列表"创建文本

第 76 步：在图层面板中创建新的文件夹组，将其命名为"类型占比"，在文件夹下创建名为"模块背景"的子文件夹组，在组内用【矩形工具】 创建宽度 482 像素、高度 188 像素的矩形，按照上述其他模块背景的设计思路制作相同效果，并与"人员数据"文件夹组顶对齐，如图 5-91 所示。

图 5-91　制作"类型占比"组的模块背景

第 77 步：在文件夹"类型占比"下创建名为"环形图 2"的子文件夹组，使用【椭圆工具】 绘制一个正圆，选择圆所在的图层点击鼠标右键执行【栅格化图层】命令，通过参考线的辅助，使用【多边形套索工具】 选择圆的局部执行【剪切】命令和【粘贴】命令，将圆拆分为 4 个图层并将剪切对象填充新的颜色，效果如图 5-92 所示。

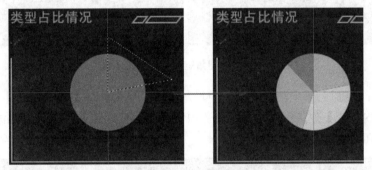

图 5-92　创建圆并分割填色

第 78 步：使用【钢笔工具】 制作 4 条指示线，描边颜色"#ffffff"，"描边宽度"1 像素；使用【文字工具】 添加标题和标签文本，填充颜色"#ffffff"；使用【矩形工具】 绘制 4 个相同大小的矩形作为分类图标并填充与饼图相对应的颜色，效果如图 5-93 所示。

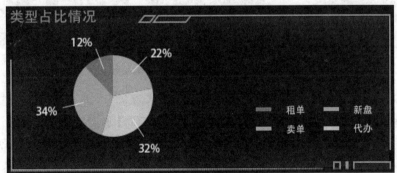

图 5-93　制作指示线和标签

第 79 步：在文件夹"类型占比"下创建名为"切换选项 1"的子文件夹组，使用【矩形工具】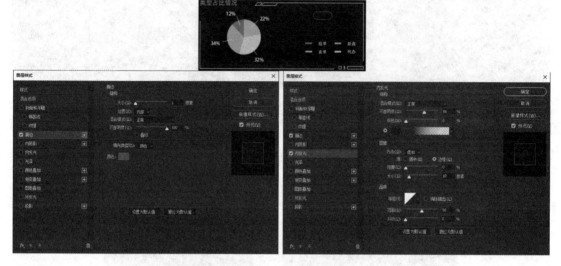绘制一个圆角矩形，填充颜色"#1c2d68"，调整图层的"填充"数值为 24%；双击图层打开【图层样式】面板，添加【描边】效果，描边颜色"#ea5514"，描边"大小"1 像素，"位置"内部；接着添加【内发光】效果，"混合模式"正常，"不透明度"56%，填充颜色"#773417"，"阻塞"0%，"大小"10 像素，如图 5-94 所示。

图 5-94　绘圆角矩形并添加图层样式

第 80 步：复制上一步创建的圆角矩形，修改【图层样式】中【描边】效果的颜色为"#06b2f1"、【内发光】效果的填充颜色为"#193b98"；使用【文字工具】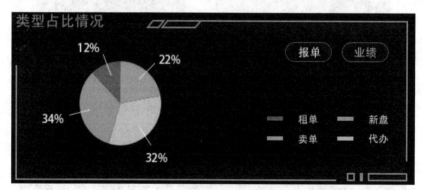添加标题文本，填充颜色"#ffffff"，如图 5-95 所示。

图 5-95　复制圆角矩形并修改图层样式

第 81 步：在图层面板中创建新的文件夹组，将其命名为"区域占比"，在文件夹下创建名为"模块背景"的子文件夹组，在组内用【矩形工具】创建宽度 482 像素、高度 188 像素的矩形，按照上述其他模块背景的设计思路制作相同效果，并与"类型占比"文件夹组左对齐；然后在文件夹"区域占比"下创建名为"切换选项 1"的子文件夹组，按照"类型占比"文件夹组中"切换选项 2"子文件夹组的设计思路制作切换图标，如图 5-96 所示。

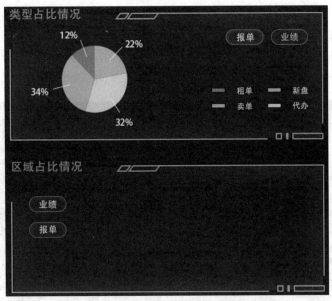

图 5-96　制作"区域占比"组的模块背景

第 82 步：在文件夹"区域占比"下创建名为"条形图"的子文件夹组，使用【直线工具】✐创建等宽的 1 条实线和 4 条虚线，设置实线颜色"#c6cccf"；虚线描边颜色"#4d5b6b"，"描边宽度" 1 像素，如图 5-97 所示。

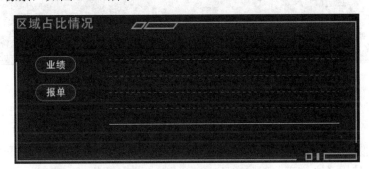

图 5-97　创建线条

第 83 步：在组内使用【矩形工具】▬创建 7 个宽度相等、高度不等的渐变矩形，渐变颜色从上至下分别为"#48ac75""#1d9fcd"；并使用【文字工具】T添加图表文本信息，填充颜色"#ffffff"，如图 5-98 所示。

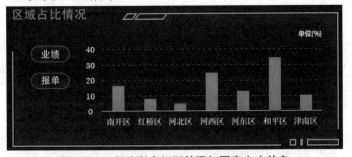

图 5-98　创建渐变矩形并添加图表文本信息

第 84 步：在图层面板中创建新的文件夹组，将其命名为"业绩排名"，在文件夹下创建名为"模块背景"的子文件夹组，在组内用【矩形工具】█️创建宽度 482 像素、高度 458 像素的矩形，按照上述其他模块背景的设计思路制作相同效果，并与"区域占比"文件夹组左对齐，和"未收账数据"文件夹组底对齐，如图 5-99 所示。

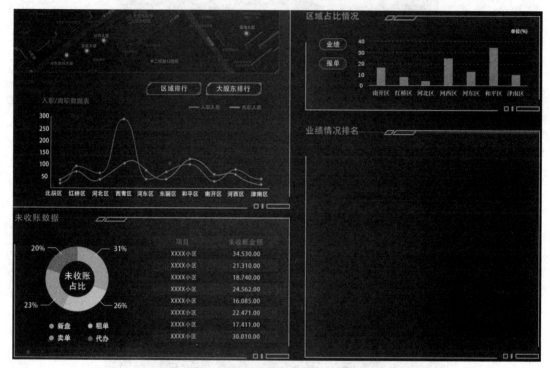

图 5-99　制作"业绩排名"组的模块背景

第 85 步：在文件夹"业绩排名"下创建名为"切换选项 3"的子文件夹组，置入素材"切换选项边框"，双击图层打开【图层样式】面板，为其添加【颜色叠加】效果，"混合模式"正常，叠加颜色"#da5118"；复制该图层 2 次，修改【颜色叠加】效果中的叠加颜色为"#2aaef2"；使用【文字工具】█️创建文本对象，填充颜色"#ffffff"，如图 5-100 所示。

图 5-100　置入素材"切换选项边框"并设置图层样式

第 86 步：在文件夹"业绩排名"下创建名为"图表"的子文件夹组，在组内用【矩形工具】█️创建 6 个相同大小的矩形，填充颜色"#ffffff"，调整图层"不透明度"6%，并将这些矩形执行【垂直居中分布】█️，效果如图 5-101 所示。

业绩情况排名
个人业绩
门店业绩
店组业绩

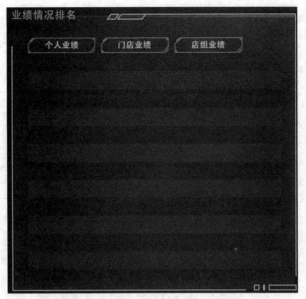

图 5-101 创建“图表”子文件夹组

第 87 步：使用【文字工具】添加标题文本，填充颜色“#06b2f1”，然后添加内容文本，填充颜色“#ffffff”，如图 5-102 所示。

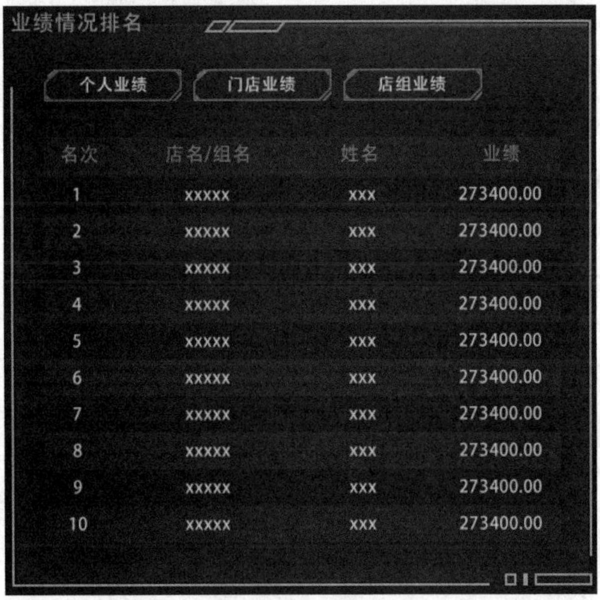

业绩情况排名
个人业绩
门店业绩
店组业绩
名次 店名/组名 姓名 业绩
1 xxxxx xxx 273400.00
2 xxxxx xxx 273400.00
3 xxxxx xxx 273400.00
4 xxxxx xxx 273400.00
5 xxxxx xxx 273400.00
6 xxxxx xxx 273400.00
7 xxxxx xxx 273400.00
8 xxxxx xxx 273400.00
9 xxxxx xxx 273400.00
10 xxxxx xxx 273400.00

图 5-102 添加文本

第 88 步：最终完成效果如图 5-103 所示。

图 5-103　完成效果

任 务 总 结

本次任务通过企业智能运营管理平台的数据可视化界面设计，使学习者对数据可视化的概念、功能、分类、设计原则有了初步了解，并且通过实践操作对数据可视化界面的设计表现方法有进一步认知。

任 务 拓 展

设计一款校园数据可视化平台界面首页，要求合理筛选校园数据可视化所需的信息模块，界面布局清晰，色彩搭配协调美观，风格简洁大气。

项目六　APP 界面设计

随着移动 5G 网络的成熟与推广，以及移动设备硬件技术的发展，各种移动终端用户群体有了显著增加。现今移动设备作为一种主流媒介，在人们的生活中扮演着越来越重要的角色。APP 作为移动设备功能的扩展，受到越来越多用户的关注。通过 APP 界面设计，学习 UI 设计的相关知识，了解 APP 界面设计的基本规范。在任务实现过程中：

- 了解 UI 设计的概念。
- 掌握 UI 设计的基本设计原则。
- 了解 iOS 系统常见的屏幕及控件尺寸。
- 了解 iPhone 界面基本组成元素。
- 通过实践掌握手机端 APP 界面的设计表现方法。

在新时代的征程中，作为设计从业者，工作中涉猎的内容涵盖历史、自然、艺术、市场、营销等方方面面，在网络信息化社会和知识结构快速更新的今天，要努力补齐"知识短板"，刻苦钻研业务知识与业务技能，厚积而薄发，不断提升个人能力和价值，成长为堪当民族复兴重任的时代新人，为设计出具有深厚文化性与广泛传播性的好作品奠定坚实的基础，为设计学科的发展、国家建设贡献力量。

【情景导入】

APP 的 UI 设计随着移动互联网快速发展，出现人才需求井喷，而薪资水平也是在不断提升，对 UI 设计师的技术水平也提出了更高的要求。UI 设计不是单纯的平面设计，需要定位使用者、使用环境、使用方式并且为最终用户而设计。检验一个界面好坏与否的标准既不是某个项目开发组领导的意见也不是项目成员投票的结果，而是最终用户的感受。

【效果展示】

本次任务主要是实现 APP 界面设计，完成效果如图 6-1 所示。

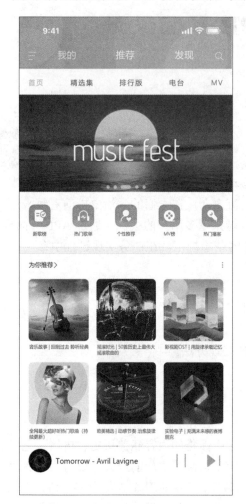

图 6-1 效果图

技能点 1 UI 设计概述

UI 是英文"User Interface"的缩写，"User"是用户的意思，"Interface"翻译成中文有界面、（计算机的）接口的意思，"User Interface"合在一起是用户界面的意思。UI 设计就是对软件的人机交互、操作逻辑、界面美观的整体设计，如图 6-2 所示。

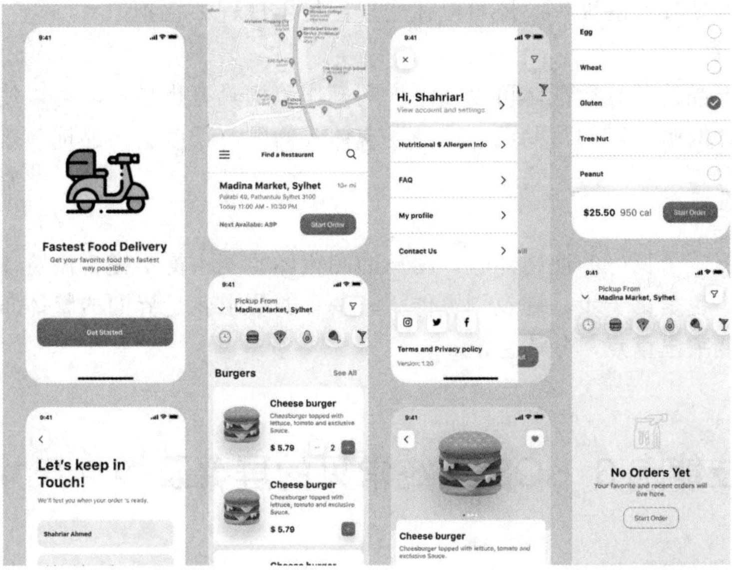

图 6-2　UI 界面设计

好的 UI 设计除了要让产品变得个性化、有品位之外，还要让产品的操作变得舒适、简单、易用，能充分体现产品的定位和特点。UI 设计从工作内容上来说分为 3 大类别，即研究工具，研究人与界面的关系，研究人。与之相应，UI 设计师的职能大体包括 3 方面：

（1）图形设计，即传统意义上的"美工"。实际上所承担的不是单纯意义上美工的工作，而是软件产品的"外形"设计。

（2）交互设计，主要在于设计产品的操作流程、树状结构、操作规范等。一个软件产品在编码之前需要做的就是交互设计，并且确立交互模型和交互规范。

（3）用户测试/研究，所谓的"测试"，其目标在于测试交互设计的合理性及图形设计的美观性，主要通过以目标用户问卷的形式衡量 UI 设计的合理性。

技能点 2　UI 设计的基本原则

1. 以内容为核心

好的界面设计能够更好地帮助用户理解内容并与之互动，但并不会分散用户对内容本身的注意力，避免用户被无意义的元素所干扰，使用户在有限的屏幕范围内聚焦内容。

2. 保证清晰度

在 APP 的界面中，各种大小的文字应该易于用户阅读，图标要醒目，色彩搭配要协调统一，去除多余的修饰以突出重点。

3. 追求高效性

交互产品的高效性决定了它的成功与否，减少用户等侯时间，快速稳定的操作环境是吸引客户的关键重要因素。视觉的层次和生动的交互动作会赋予界面新的活力，不但帮助用户更好地理解新界面的操作，还可以让用户在使用过程中感到惊喜。

4. 重视反馈

移动交互产品的及时反馈，可以使用户的操作流程具有指导性，可以使设计师有效提炼普适性的设计原则，以便帮助已有产品发现体验问题，帮助新产品提前规避问题，并为设计方案提供参考。

5. 用户体验

想要给用户一个良好的使用体验，用户的浏览体验就不得不提。浏览体验是用户体验最直观的表现，也是第一步。提及浏览体验，基本的要求就是界面的整体布局不可以太混乱，整体布局要突出重点，分清主次。

技能点 3　iOS 系统常见的屏幕及控件尺寸

iOS 系统的英文全称是"iPhone Operation System"，iPhone 和 iPad 全产品分辨率和 UI 设计尺寸如表 6-1 和表 6-2 所示。

表 6-1　iPhone 分辨率和设计尺寸

iPhone 设备	分辨率	点	ppi	状态栏	导航栏	标签栏	Asset
iPhone 12/13 Pro Max	1284px×2778px	428×926pt	458 ppi	132px	132px	147px	@3x
iPhone 12/13、12/13 Pro	1170px×2532px	390×844pt	460 ppi	132px	132px	147px	@3x
iPhone 12/13 mini	1125px×2436px	375×812pt	476 ppi	132px	132px	147px	@3x
iPhone XS Max、11 Pro Max	1242px×2688px	414×896pt	458 ppi	132px	132px	147px	@3x
iPhone X、XS、11Pro	1125px×2436px	375×812pt	458 ppi	132px	132px	147px	@3x
iPhone XR、11	828px×1792px	414×896pt	326 ppi	88px	88px	98px	@2x
iPhone6P、6SP、7P、8P	1242px×2208px	414×736pt	401 ppi	60px	132px	147px	@3x
iPhone6、6S、7、8	750px×1334px	375×667pt	326 ppi	40px	88px	98px	@2x
iPhone5、5C、5S	640px×1136px	320×568pt	326 ppi	40px	88px	98px	@2x
iPhone4、4S	640px×960px	320×480pt	326 ppi	40px	88px	98px	@2x
iPhone、iPod Touch1、2、3	320px×480px	320×480pt	163 ppi	20px	44px	49px	@1x

表 6-2　iPad 分辨率和设计尺寸

iPad 设备	设计尺寸与渲染分辨率
12.9"iPad Pro	1024×1366pt(2048px×2732px@2X)
11"iPad Pro	834×1194pt(1668px×2388px@2x)
10.5"iPad Pro	834×1194pt(1668px×2388px@2x)
9.7"iPad Pro	768×1024pt(1536px×2048px@2x)

续表

iPad 设备	设计尺寸与渲染分辨率
7.9"iPad mini	768×1024pt(1536px×2048px@2x)
10.5"iPad Air	834×1112pt(1668px×2224px@2x)
9.7"iPad Air	768×1024pt(1536px×2048px@2x)
10.2"iPad	810×1080pt(1620px×2160px@2x)
9.7"iPad	768×1024pt(1536px×2048px@2X)
iPod touch 5th generation and later	320×568pt(640px×1136px@2X)

APP 图标属性及尺寸如表 6-3 和表 6-4 所示。

表 6-3 APP 图标属性

名称	属性
格式	PNG
色彩格式	P3 色域、sRGB、Gray Gamma2.2
图层	扁平化、不透明
解析度	清晰即可
形状	直角图标

表 6-4 APP 图标大小

设备	图标大小
iPhone	60×60pt(180px×180px@3×) 60×60pt(120px×120px@2×)
iPad Pro	83.5×83.5pt(167px×167px@2×)
Pad、iPad mini	76×76pt(152px×152px@2×)
App Store	1024×1024pt(1024px×1024px@1×)

技能点 4 iPhone 界面基本组成元素

iPhone 的 APP 界面一般由状态栏（Status Bar）、导航栏（Navigation Bar）、分段控件（Segment Controls）、工具栏（Toolbar）、搜索栏（Search Bar）、标签栏（Tab Bar）以及内容区域（Content）组成。

1. 状态栏（Status Bar）

状态栏包含基本系统信息，如当前事件、时间、电池状态及其他更多信息。视觉上状态栏是和导航栏相连的，都使用一样的背景填充。值得注意的是，官方规定要使用系统提供的状态栏。状态栏在系统范围内需要保持一致，不需要重新设计状态栏。以图 6-3 为例，iPhone6/7/8 宽度为 750px，状态栏的高为 20pt（@2×40px），iPhone11Pro/X 宽度为 1125px，状态栏的高度为 44pt（@3×132px）。

图 6-3　状态栏

2. 导航栏（Navigation Bar）

导航栏包含了一些控件，用来在应用里不同的视图中导航，以及管理当前视图中的内容。导航栏总在屏幕的顶部，状态栏的正下方。显示新界面时，导航栏的左侧会出现一个后退或者返回的按钮。有时，导航栏的右侧也会包含一个图标或者控件。例如，"编辑"或"完成"按钮，用于管理活动视图中的内容。以 iPhone11 Pro/X 设计为例，状态栏的高度为40pt（@3x132px）。导航栏的高度也是 44pt（@3×132px），如图 6-4 所示。

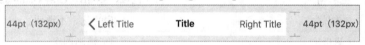

图 6-4　导航栏

导航栏元素总是按照特定的对齐方式：
- 返回按钮总是在左端对齐。
- 当前视图的标题在栏目居中。
- 动作按钮总是右端对齐，而且应该不要超过一个主要动作，以防误点，以及连续操作可以更简单些。

3. 分段控件（Segment Controls）

分段控件也叫分段选择器，是 iOS 原生组件之一。分段控件是由两个或多个分段组成的集合，每个分段都用作互斥按钮。在控件内，所有段的宽度相等。像按钮一样，段可以包含文本或图像。分段控件通常用于显示不同的视图，如图 6-5 所示。

图 6-5　分段控件

- 软件界面设计时，分段控件的数量应该保持在 5 个以下。
- 尽量保持分段内容的大小一致及分段的宽度相等，不然看起来很突兀。
- 避免在分段控件中混合文本和图像。
- 若要更改分段控件的背景外观，须确保和背景相贴合。

4. 工具栏（Toolbar）

工具栏包含一些管理、控制当前视图内容的动作。iPhone 上，工具栏在屏幕底部边缘，而在 iPad 上，其可以在屏幕顶部出现。和导航栏一样，其背景填充也可以自定义，默认是半透明效果以及模糊处理遮住的内容。工具栏通常用于超过 3 个主动作的特定视图（如图 6-6 所示），否则很难适应，而且外观会看起来很混乱。

图 6-6　工具栏

5. 搜索栏（Search Bar）

搜索栏是用户通过在字段中输入文本来搜索所要的内容。搜索栏可以单独显示，也可以在导航栏或内容视图中显示。当显示在导航栏中时，搜索栏可以固定在导航栏中，以便用户始终可以访问，或者可以放在下面，更方便用户去找到它。根据需求，可以在搜索栏中加入提示占位符文字，以便用户更清楚该功能。例如，"搜索或输入网站名称"或简称为"搜索"，如图 6-7 所示。

图 6-7　搜索栏

6. 标签栏（Tab Bar）

屏幕底部出现的标签栏，可帮助用户了解应用程序提供的信息类型或功能。标签让用户可以在应用程序的功能标签之间快速切换，同时保留每个标签的当前导航状态。以图 6-8 为例，iPhone6/7/8 宽度为 750px，标签栏的高度为 49pt（@2×98px），iPhoneX 开始标签栏的高度为 49pt（@3×147px）。另外，通知用户在一个新视图上有新消息，通常会在标签栏按钮上显示一个数字徽标。

图 6-8　标签栏

7. iOS 系统文字规范

从苹果 iOS 9 开始，iPhone 系统中文启用的是 PingFang SC；英文字体为 SF UI Text、SF UI Display（其中 SF UI Text 适用于小于 19pt 的文字，SF UI Display 适用于大于 20pt 的文字），具体规范如表 6-5 所示。

表 6-5　iOS 系统文字规范

类型	字重	磅值	行距	字距
大标题	常规	34pt	41pt	11pt
一级标题	常规	28pt	34pt	13pt
二级标题	常规	22pt	28pt	16pt
三级标题	常规	20pt	25pt	19pt
内容提要	半粗体	17pt	22pt	−24pt
正文	常规	17pt	22pt	−24pt
插图编号	常规	16pt	21pt	−20pt
副标题	常规	15pt	20pt	−16pt
脚注	常规	13pt	18pt	−6pt

根据所学习的 UI 设计相关知识，实现图 6-1 所示的 APP 界面效果。

第 1 步：打开 Photoshop 软件，单击【文件】→【新建】命令或按 Ctrl+N 快捷键新建画布，点击【移动设备】选择"iPhoneX"画布，设置文档名称为"APP 界面"，勾选"画板"选项，"颜色模式"RGB 颜色，"背景内容"白色，如图 6-9 所示。

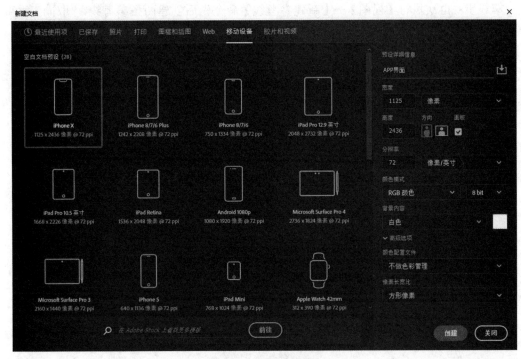

图 6-9　新建文档

第 2 步：将"画板 1"的名称修改为"界面 1"，执行【视图】→【新建参考线】命令先后创建 4 条参考线，"取向"水平，分别设置"位置"132 像素、264 像素、2187 像素和 2334 像素，以此确定状态栏、导航栏、标签栏和虚拟 Home 键的区域，如图 6-10 所示。

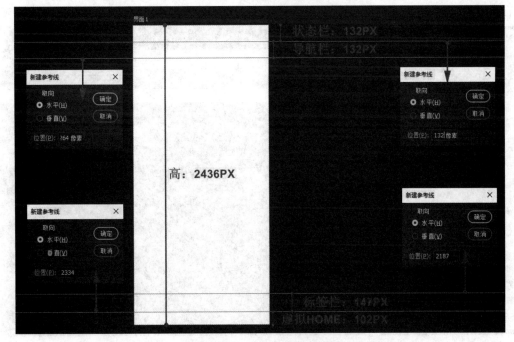

图 6-10　设定水平参考线

第 3 步：再次执行【视图】→【新建参考线】命令先后创建两条参考线，"取向"垂直，分别设置"位置"48 像素、1077 像素，以此确定左右边缘的边距，如图 6-11 所示。

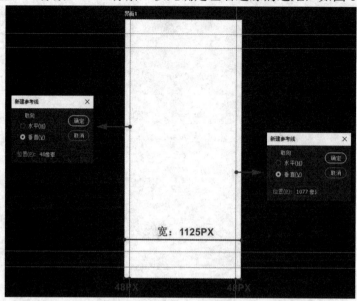

图 6-11　设定垂直参考线

第 4 步：创建文件夹并命名为"状态栏"，置入素材"安全范围"，使其与画面居中对齐，如图 6-12 所示；置入素材"wifi""信号"和"电量"，分别为其添加【图层样式】中的【颜色叠加】效果，"混合模式"正常，填充颜色"#ffffff"，"不透明度"100%；创建文字图层制作时间控件，填充颜色"#ffffff"；将状态栏中的素材一起选中并执行【底对齐】，注意在制作状态栏时各元素不要超出"安全范围"素材和参考线界定的边缘，如图 6-13 所示。

图 6-12　置入素材"安全范围"

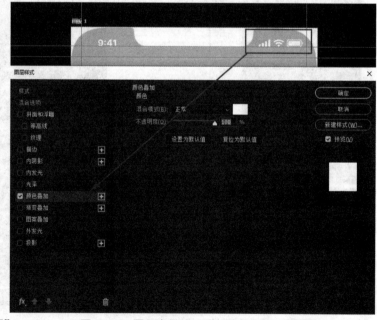

图 6-13　置入素材"wifi""信号"和"电量"

第 5 步：创建文件夹并命名为"搜索栏"，置于"状态栏"文件夹下方，在组内用【矩形工具】▦创建一个宽 1125 像素、高 264 像素的矩形置于画面顶部，双击图层打开【图层样式】面板，添加【渐变叠加】效果，"混合模式"正常，"样式"线性，"角度"0 度，渐变色标从左到右依次为"#fc64d6""#ff8833"，如图 6-14 所示。

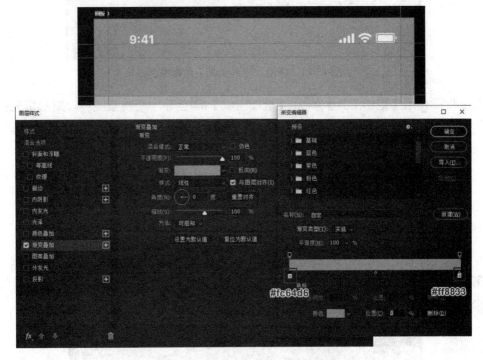

图 6-14　创建矩形并添加图层样式

第 6 步：使用【椭圆工具】◉创建 4 个大小不一的正圆，填充白色，调整图层的"不透明度"为 10%，效果如图 6-15 所示。

图 6-15　创建椭圆

第 7 步：使用【矩形工具】 ■创建 3 条长度不一的矩形线，填充白色，与左侧参考线左对齐，如图 6-16 所示。

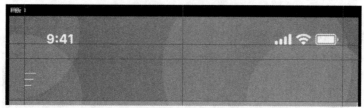

图 6-16　使用【矩形工具】创建图形

第 8 步：使用【矩形工具】 ■和【椭圆工具】 ○创建一个搜索图标，矩形填充白色，圆形描边白色，图标与右侧参考线右对齐，如图 6-17 所示。

图 6-17　创建搜索图标

第 9 步：使用【文字工具】 T创建文字图层，输入搜索栏中的文本内容（注意设置字体大小须为偶数），填充白色，选择导航中"我的"一项修改字符颜色为"#fee2ce"，并将 3 组文字水平平均分布在该栏目中，如图 6-18 所示。

图 6-18　创建文字

第 10 步：创建文件夹并命名为"导航栏"，使用【矩形工具】 ■创建宽度 1125 像素、高度 132 像素、填充白色的矩形，如图 6-19 所示。

图 6-19　使用【矩形工具】创建图形

第 11 步：使用【文字工具】 T创建文字图层，输入导航栏中的文本内容（注意设置字体大小须为偶数），填充颜色"#333333"；选择文本内容中的"首页"，修改字符颜色为

"#ff9933", 然后将该组文字平均分布在该栏目中, 最左侧与最右侧都与左右两边的参考线对齐, 如图 6-20 所示。

图 6-20 创建文字

第 12 步: 新建一个文件夹组, 命名为 "banner", 使用【矩形工具】▣创建宽度 1125 像素、高度 494 像素的矩形, 如图 6-21 所示。

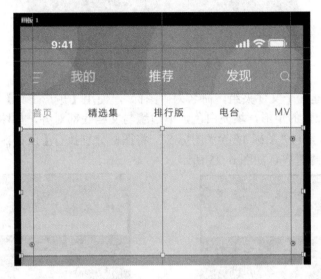

图 6-21 创建矩形

第 13 步: 置入素材 "banner 图", 单击鼠标右键执行【创建剪贴蒙版】命令, 如图 6-22 所示。

图 6-22 置入素材 "banner 图"

第14步：使用【椭圆工具】◉和【矩形工具】▣创建切换图标，填充白色，并修改图层"不透明度"为60%，效果如图6-23所示。

图 6-23　创建切换图标

第 15 步：新建一个文件夹组，命名为"图标"，使用【矩形工具】▣创建宽度 1125 像素、高度 1546 像素的矩形，填充白色，下边缘与文档底部对齐，如图6-24所示。

第 16 步：导入素材"图标 1"至"图标 5"，将图标分别执行【顶对齐】和【水平分布】，并与左右参考线边缘对齐，如图6-25所示。

图 6-24　创建矩形

图 6-25　导入素材"图标 1"至"图标 5"

第 17 步：使用【文字工具】T创建文字图层，填充颜色"#333333"，使每个文字标题与图标一一水平居中对齐，如图 6-26 所示。

图 6-26　创建文字

第 18 步：使用【矩形工具】■创建宽度 1125 像素、高度 1 像素的矩形作为分割线，填充颜色"#cccccc"，如图 6-27 所示。

图 6-27　创建分割线

第 19 步：使用【矩形工具】■创建宽度 1125 像素、高度 30 像素的矩形置于分割线下方，填充颜色"#f8f8f8"，如图 6-28 所示。

图 6-28　创建矩形

第 20 步：使用【矩形工具】■再创建一个宽度 1125 像素、高度 1 像素的矩形作为分割线，放置在上一步所创建矩形的下边缘，填充颜色"#cccccc"，如图 6-29 所示。

图 6-29　再次创建分割线

第 21 步：新建一个文件夹组，命名为"推荐"，使用【文字工具】 T 创建标题，然后使用【钢笔工具】 创建 图标，填充颜色"#333333"，如图 6-30 所示。

图 6-30　创建图标

第 22 步：使用【椭圆工具】 创建 图标，填充颜色"#999999"，如图 6-31 所示。

图 6-31　使用【椭圆工具】创建图标

第 23 步：使用【矩形工具】 创建宽度 314 像素、高度 314 像素、角半径 20 像素的矩形，并复制 5 份，如图 6-32 所示。

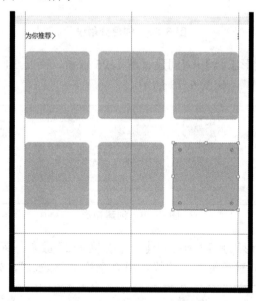

图 6-32　创建圆角矩形

第 24 步：对应 6 个新建的矩形，依次置入素材"推荐 1"至"推荐 6"，并分别执行【创建剪贴蒙版】命令，效果如图 6-33 所示。

图 6-33 置入素材"推荐 1"至"推荐 6"

第 25 步：使用【文字工具】![icon]创建与各矩形对应的文本对象，填充颜色"#333333"，如图 6-34 所示。

图 6-34 创建与各矩形对应的文本

第 26 步：新建一个文件夹组，命名为"底部"，首先创建播放进度条，使用【矩形工具】![icon]创建一个宽度 1125 像素、高度 2 像素的矩形，填充颜色"#ffcccc"；复制该矩形并调整其宽度小于原始矩形，修改颜色为"#ff9933"，保持与原始矩形左对齐；使用【椭圆工具】◎创建一个正圆，填充颜色"#ff9933"，放置在复制矩形的右边缘，效果如图6-35所示。

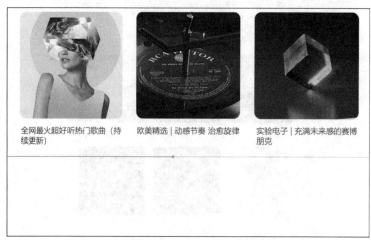

图6-35 制作播放进度条

第27步：使用【椭圆工具】◎创建宽度和高度都为120像素的正圆，置入素材"底部图"，单击鼠标右键执行【创建剪贴蒙版】命令，如图6-36所示。

图6-36 创建正圆并置入素材

第28步：使用【文字工具】⊤创建文本对象，填充颜色"#333333"，如图6-37所示。

图6-37 创建文本

第29步：使用【矩形工具】■和【三角形工具】▲创建播放按钮图标，填充颜色"#ff9933"，如图6-38所示。

全网最火超好听热门歌曲（持续更新）	欧美精选｜动感节奏 治愈旋律	实验电子｜充满未来感的赛博朋克

图 6-38　创建播放按钮

第 30 步：APP 界面 1 制作完成，接下来制作 APP 界面 2 的内容。使用【画板工具】单击"界面 1"以激活画板，激活画板后，单击画板右侧的⊕图标添加新画板，修改新画板名称为"界面 2"，如图 6-39 所示。

图 6-39　创建新画板

第 31 步：在"界面 2"中新建一个文件夹组，命名为"背景"，使用【矩形工具】创建一个文档相同大小的矩形，填充颜色"#000000"，置入素材"背景图"，如图 6-40 所示。

图 6-40　创建矩形并置入素材

第 32 步：选择"背景图"素材，执行【滤镜】→【模糊】→【高斯模糊】命令，设置"半径"为 140 像素，如图 6-41 所示。

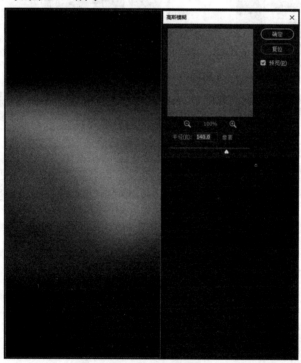

图 6-41　模糊背景

第 33 步：使用【矩形工具】 创建一个文档相同大小的矩形，填充线性渐变，颜色从上至下依次为"#333333""#ffffff""#333333"，不透明度从上至下依次为 100%、40%、100%，如图 6-42 所示。

图 6-42 创建矩形并设置渐变

第 34 步：选择渐变矩形，调整图层"不透明度"为 50%，如图 6-43 所示。

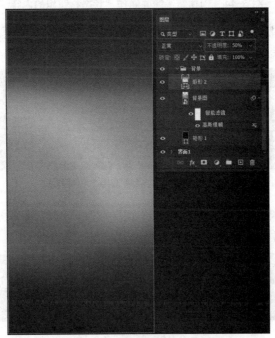

图 6-43 调整图层不透明度

第 35 步：新建一个文件夹组，命名为"状态栏"，按照"界面 1"中介绍过的方法创建参考线并制作"状态栏"组的内容，效果如图 6-44 所示。

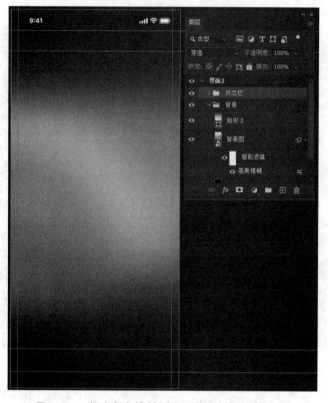

图 6-44　创建参考线并制作"状态栏"组的内容

第 36 步：新建一个文件夹组，命名为"导航栏"，使用【钢笔工具】创建图标，填充颜色"#ffffff"，如图 6-45 所示。

图 6-45　使用【钢笔工具】创建图标

第 37 步：使用【矩形工具】创建一个宽度和高度都为 58 像素、角半径为 8 像素的矩形，填充颜色"#ffffff"，如图 6-46 所示。

图 6-46　创建圆角矩形

第 38 步：使用【矩形工具】■再创建一个宽度和高度都为 50 像素、角半径为 8 像素的矩形，填充颜色 "#ffffff"，与上一步创建的矩形中心对齐。然后，将两个矩形同时选中，并执行快捷键 Ctrl+E 进行合并，如图 6-47 所示。

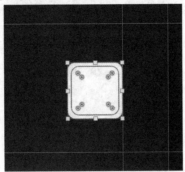

图 6-47　再次创建圆角矩形

第 39 步：使用【路径选择工具】▶选中宽度和高度都为 50 像素的矩形，在【路径操作】面板中选择【减去顶层形状】命令，如图 6-48 所示。

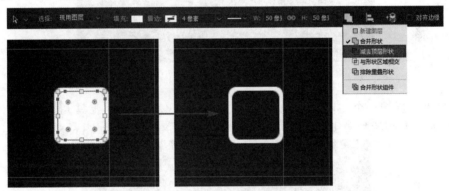

图 6-48　执行复合形状减除

第 40 步：使用【矩形工具】■创建一个矩形并放置在复合对象的右上角，如图 6-49 所示。

第 41 步：将两个形状图层同时选中，执行快捷键 Ctrl+E 进行合并，使用【路径选择工具】▶选中右上角的矩形，在【路径操作】面板中选择【减去顶层形状】命令，如图 6-50 所示。

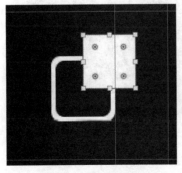
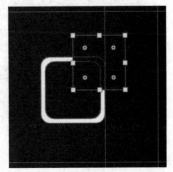

图 6-49　创建矩形　　　　　　**图 6-50　执行复合形状减除**

第 42 步：使用【直线工具】 创建带箭头的直线，倾斜角度 45 度，填充颜色"#ffffff"，图标制作完成效果如图 6-51 所示。

图 6-51　创建带箭头的直线

第 43 步：使用【文字工具】 创建文本对象，填充颜色"#cccccc"，如图 6-52 所示。

图 6-52　创建文本

第 44 步：新建一个文件夹组，命名为"进度条"，使用【文字工具】 创建文本对象，左右分别对齐两侧的参考线，并填充颜色"#ffffff""#999999"，如图 6-53 所示。

图 6-53　再次创建文本

第 45 步：使用【矩形工具】 创建一条宽度 846 像素、高度 2 像素的直线，填充颜色"#ffffff"，调整图层"不透明度"为 20%，效果如图 6-54 所示。

图 6-54　创建直线

第 46 步：复制上一步创建的直线，缩短其宽度并修改填充颜色为"#33ccff"，如图 6-55 所示。

图 6-55 复制并调整直线

第 47 步：使用【椭圆工具】 创建一个正圆，填充颜色 "#ffffff"，调整图层 "不透明度" 为 50%，如图 6-56 所示。

图 6-56 创建正圆

第 48 步：使用【椭圆工具】 创建一个比上一步更小的正圆，填充颜色 "#ffffff"，调整图层 "不透明度" 为 65%，如图 6-57 所示。

图 6-57 再次创建正圆

第 49 步：使用【椭圆工具】 再创建一个比上一步更小的正圆，填充颜色 "#ffffff"，如图 6-58 所示。

图 6-58 完成进度图标的制作

第 50 步：新建一个文件夹组，命名为 "歌盘"，使用【椭圆工具】 创建宽度和高度都为 906 像素的正圆，填充颜色 "#ffffff"，调整图层 "不透明度" 为 20%，在画面水平居中对齐，如图 6-59 所示。

第 51 步：使用【椭圆工具】 创建宽度和高度都为 858 像素的正圆，描边颜色 "#ffffff"，"描边宽度" 1 像素，调整图层 "不透明度" 为 50%，与上一步创建的正圆中心对齐，如图 6-60 所示。

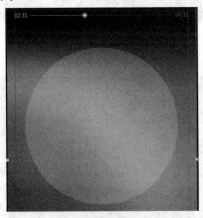

图 6-59 创建正圆

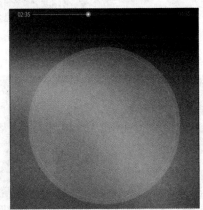

图 6-60 再次创建正圆

第 52 步：置入素材 "唱片"，与前两步创建的圆中心对齐，双击该图层打开【图层样式】面板，添加【内阴影】效果，"混合模式" 正常，"不透明度" 20%，"距离" 3 像素，

"大小" 7 像素，如图 6-61 所示。

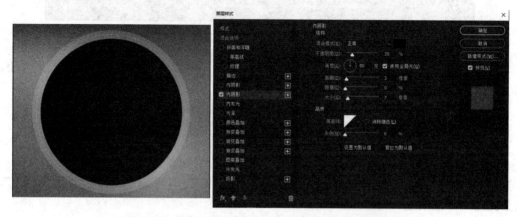

图 6-61　置入素材"唱片"并添加【内阴影】效果

第 53 步：继续添加【渐变叠加】效果，"混合模式"柔光，"不透明度"48%，"样式"角度，"角度"0 度，渐变色标从左到右依次为："#000000""#999999""#000000""#666666""#000000""#999999""#000000""#666666""#000000"，如图 6-62 所示。

第 54 步：使用【椭圆工具】 创建宽度和高度都为 350 像素的正圆，填充颜色"#ff9933"，与前几步创建的圆中心对齐；双击图层打开【图层样式】面板，添加【描边】效果，描边颜色"#333333"，描边"大小"2 像素，"位置"外部，如图 6-63 所示。

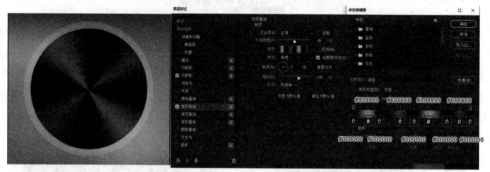

图 6-62　添加【渐变叠加】效果

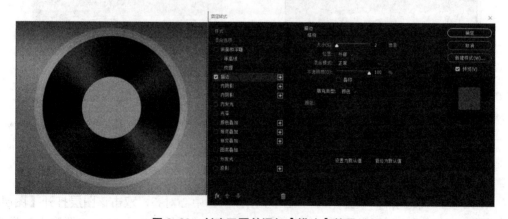

图 6-63　创建正圆并添加【描边】效果

第 55 步：使用【椭圆工具】 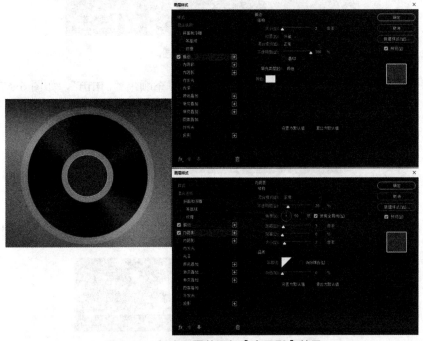 创建宽度和高度都为 272 像素的正圆，与前几步创建的圆中心对齐；双击图层打开【图层样式】面板，添加【描边】效果，描边颜色 "#ffffff"，描边 "大小" 2 像素，"位置" 外部；然后添加【内阴影】效果，"混合模式" 正常，"不透明度" 20%，"距离" 3 像素，"大小" 7 像素，如图 6-64 所示。

图 6-64　创建正圆并添加【内阴影】效果

第 56 步：置入素材 "背景图"，选择该图层点击鼠标右键执行【创建剪贴蒙版】命令，效果如图 6-65 所示。

图 6-65　置入素材 "背景图"

第 57 步：新建一个文件夹组，命名为 "底部"，使用【椭圆工具】 创建宽度和高度都为 146 像素的正圆，填充颜色 "#ffffff"，调整图层 "不透明度" 为 6%，在标签栏的位置水平居中对齐，如图 6-66 所示。

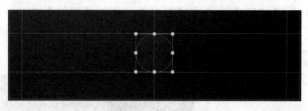

图 6-66　创建正圆

第 58 步：使用【矩形工具】■制作▋▌图标，填充颜色"#ffffff"，如图 6-67 所示。

图 6-67　制作图标

第 59 步：使用【矩形工具】■和【三角形工具】△创建切换图标，填充颜色"#ffffff"，如图 6-68 所示。

图 6-68　创建切换图标

第 60 步：使用【矩形工具】■和【三角形工具】△创建列表图标▤，填充颜色"#ffffff"，如图 6-69 所示。

图 6-69　创建列表图标

第 61 步：使用【矩形工具】■创建两个中心对齐的圆角矩形，填充颜色"#ffffff"，如图 6-70 所示。

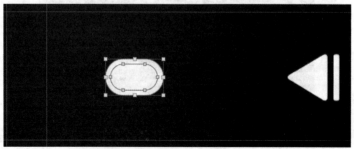

图 6-70　创建两个中心对齐的圆角矩形

第 62 步：将两个形状图层同时选中，执行快捷键 Ctrl+E 进行合并，使用【路径选择工具】选中数值更小的矩形，在【路径操作】面板中选择【减去顶层形状】命令，如图 6-71 所示。

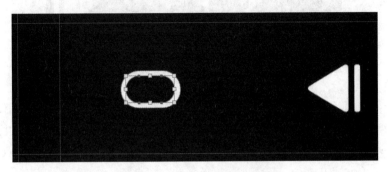

图 6-71　执行复合形状减除

第 63 步：使用【矩形工具】创建一个矩形从复合图形的对角穿过，如图 6-72 所示。

图 6-72　创建矩形

第 64 步：将矩形和复合图形两个图层同时选中，执行快捷键 Ctrl+E 进行合并，使用【路径选择工具】选中矩形，在【路径操作】面板中选择【减去顶层形状】命令，如图 6-73 所示。

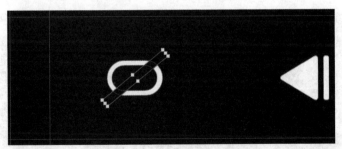

图 6-73　再次执行复合形状减除

第 65 步：使用【三角形工具】创建两个直角三角形并放置在复合图形的对角位置，填充颜色 "#ffffff"，将三角形与复合图形一起选中，执行快捷键 Ctrl+E 进行合并，循环图标制作完成效果如图 6-74 所示。

图 6-74　创建两个直角三角形

第 66 步：使用【三角形工具】△创建一个带有圆角半径的三角形，再使用【椭圆工具】●创建两个相同大小的圆形；描边颜色"#ffffff"，描边大小 6 像素，如图 6-75 所示。

第 67 步：将 3 个图形一起选中，执行快捷键 Ctrl+E 进行合并，图标效果如图 6-76 所示。

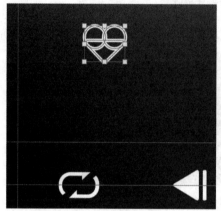

图 6-75　创建图形

图 6-76　合并图形

第 68 步：使用【钢笔工具】✐绘制⬇图标，描边颜色"#ffffff"，"描边宽度"6 像素，设置描边"端点"和"角点"的样式都为圆形，效果如图 6-77 所示。

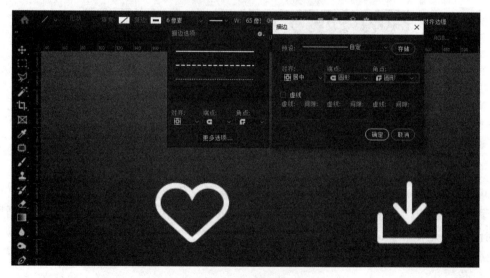

图 6-77　绘制图标

第 69 步：使用【矩形工具】■ 和【三角形工具】▲ 创建带圆角的图形，描边颜色"#ffffff"，"描边宽度" 6 像素，如图 6-78 所示。

图 6-78　创建会话框图标

第 70 步：将两个图形一起选中，执行快捷键 Ctrl+E 进行合并；为合并图层添加【图层蒙版】■，在蒙版中使用【矩形选框工具】■ 在图形右上角创建一个矩形选区，将选区填充颜色 "#000000"，效果如图 6-79 所示。

图 6-79　减除图形

第 71 步：使用【椭圆工具】● 创建 3 个相同大小的圆形，填充颜色 "#ffffff"；使用【文字工具】T 创建文本对象，填充颜色 "#ffffff"，图标完成效果如图 6-80 所示。

图 6-80　创建文本

第 72 步：使用【椭圆工具】● 创建 3 个相同大小的圆形，填充颜色 "#ffffff"，图标完成效果如图 6-81 所示。

图 6-81　创建三个相同大小的圆形

第 73 步：新建一个文件夹组，命名为"歌词"，使用【文字工具】 T 创建文本对象，填充颜色"#ffffff"，如图 6-82 所示。

图 6-82　创建歌词文本

第 74 步：为文字图层添加【图层蒙版】 ，在蒙版中使用【矩形选框工具】 在图形右上角创建一个矩形选区，如图 6-83 所示；使用【渐变工具】 在选区内拖曳线性渐变，颜色由上至下为"#cccccc""#333333"，效果如图 6-84 所示。

图 6-83　在图层蒙版中创建选区

图 6-84　在选区添加渐变

第 75 步：界面 1 和界面 2 最终效果如图 6-85 所示。

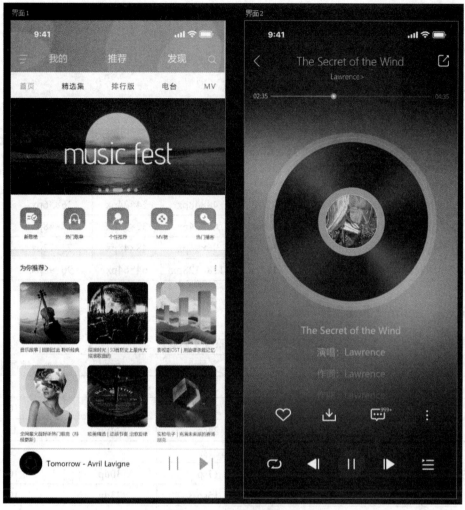

图 6-85　界面完成效果

　任　务　总　结

　　通过本次任务对 APP 界面设计的学习，学习者对 UI 设计的原则、iPhone 常见的屏幕及控件尺寸和 iPhone 界面基本组成元素有了初步了解，并且通过实践操作对 APP 界面的设计表现方法有进一步认知。

拓展 1：Android 系统屏幕与图标尺寸规范

表 6-6　Android 系统屏幕尺寸规范

Android	分辨率	启动图标	操作栏图标	上下文图标	系统通知图标	像素比（1dp）
mdpi（160dpi）	360px×640px	48×48px	32×32px	16×16px	24×24px	1px
hdpi（240dpi）	540px×960px	72×72px	48×48px	24×24px	36×36px	1.5px
xhdpi（320dpi）	720px×1280px	96×96px	64×64px	32×32px	48×48px	2px
xxhdpi（480dpi）	1080px×1920px	144×144px	96×96px	48×48px	72×72px	3px
xxxhdpi（640dpi）	1440px×2560px	192×192px	128×128px	64×64px	96×96px	4px

拓展 2：Android 系统字体规范

表 6-7　Android 系统字体规范

元素	字重	字号	行距	字间距
App bar	Medium	20sp	–	–
Buttons	Medium	15sp	–	10
Headline	Regular	24sp	34dp	0
Title	Medium	21sp	–	5
Subheading	Regular	17sp	30dp	10
Body 1	Regular	15sp	23dp	10
Body 2	Bold	15sp	26dp	10
Caption	Regular	13sp	–	20

表 6-8　Android 字体

中文字体	英文字体
Source Han Sans / Noto	Roboto

任务：

设计一组基于 Android 系统的 APP 界面，要求布局合理，内容清晰，风格美观大方，色调协调统一。